全国高等院校产品设计专业系列教材

PRODUCT
DESIGN

关山 主编
王霜 赵伟 副主编

U0211212

产品造型设计
与快速表现

化学工业出版社
·北京·

内容简介

设计表现是设计师进行创造活动时一种特有的表达语言。本书从产品的造型原理和表现方法入手，以技能为基础，以问题为引导，以纸张为载体，以画笔为桥梁，通过知识讲解和画法演示，旨在提升学习者的产品造型能力和设计快速表现能力。

本书共分为五个章节，循序渐进地讲解了产品的绘制原理和造型方法，产品材质和配色的表现方法，以及产品设计方案的表现方法等内容。帮助学习者形成一套较为系统的学习设计表现的方法。

本书可作为工业设计专业、产品设计专业设计表现类课程的师生教学用书，也可供产品设计师学习参考，亦可作为设计专业考生的学习资料。

图书在版编目（CIP）数据

产品造型设计与快速表现/关山主编；王霜，赵伟副主编．—北京：化学工业出版社，2024.6
ISBN 978-7-122-45430-0

Ⅰ．①产… Ⅱ．①关…②王…③赵… Ⅲ．①工业产品-造型设计 Ⅳ．①TB472.2

中国国家版本馆CIP数据核字（2024）第074014号

责任编辑：李彦玲　　　　　　　　文字编辑：蒋　潇　药欣荣
责任校对：边　涛　　　　　　　　装帧设计：王晓宇

出版发行：化学工业出版社
　　　　　（北京市东城区青年湖南街13号　邮政编码100011）
印　　刷：三河市航远印刷有限公司
装　　订：三河市宇新装订厂
787mm×1092mm　1/16　印张10$\frac{1}{2}$　字数209千字
2024年7月北京第1版第1次印刷

购书咨询：010-64518888　　　　　售后服务：010-64518899
网　　址：http://www.cip.com.cn
凡购买本书，如有缺损质量问题，本社销售中心负责调换。

定　　价：59.80元

尽管现今的计算机技术可以制作出逼真的产品效果图，但在设计初期，设计师仍然需要依靠手绘的方式，将头脑中模糊抽象的设计灵感清晰地表现出来。在手绘设计草图的过程中，我们会发现在将抽象思维进行具象描绘时，会不断产生新的设计思路和新的造型概念。可以说，设计表现其实是一个思考的过程，它可以不断地启发设计师的思维，使其膨胀、发散、裂变，最终使设计思路变得更加清晰明了。同时，设计表现也是设计师进行交流的重要工具，它是设计思维最直接、最快捷的展现方式，设计师可以用最"易懂"的图纸来表述自己的设计灵感并和相关设计人员进行设计方案的探讨。设计表现并非仅仅是一种简单的技能展现，更是设计师一种特有的思考手段和表达语言。

本书结合编者多年的设计表现教学经验和相关设计工作经验，旨在帮助学习者快速提升产品造型能力和设计表达能力。本书从实际的产品设计工作出发，根据产品设计表现的特点，将学习内容系统地划分为五个章节。前三个章节讲述了产品的绘制原理和造型方法，着力提升学习者的产品造型能力，即如何将头脑中模糊的设计灵感描绘出来，并不断推敲和优化，形成完善的造型方案。后两个章节则讲述了产品设计的表现技巧，着力提升学习者的快速表现能力，即如何运用设计表现技巧展示自己的设计方案并讲好设计故事。

设计的表达是极具创造性的，尽管书中讲述了各式各样的绘图技巧和方法，但那些只能作为指导和参考，我们并不希望设定某种评价标准或是固定的表现模式。设计表现是一个灵活的互动过程，重点在于不断变化和勇于打破。你完全可以随机应变，自由而又畅快地用画笔勾画极具个人风格的设计草图，这才是设计语言的魅力！

本书由郑州航空工业管理学院关山担任主编，河南牧业经济学院王霜、河南农业大学赵伟担任副主编，河南轻工职业学院郑文钰参编。其中第1章由王霜、赵伟共同编写；第2章由王霜编写；第3章由赵伟、郑文钰共同编写；第4章、第5章由关山编写。感谢李佳玉、陈威、贾逸心等同学为本书提供了优秀作品范例。

由于编者水平学识有限，书中不足之处还望读者不吝指正。

编者

2024年3月

目录

第1章
了解设计表现

002　**1.1　设计表现在设计中的作用**

003　**1.2　设计表现的草图类型与应用**

004　1.2.1　思维型草图

004　1.2.2　解释型草图

005　1.2.3　展示型草图

005　1.2.4　结构型草图

006　**1.3　设计表现的学习准备**

006　1.3.1　绘制工具的介绍

008　1.3.2　养成良好的绘图习惯

第2章
设计表现的
基础训练

010　**2.1　线条的画法**

010　2.1.1　直线的画法

012　2.1.2　曲线的画法

013　2.1.3　椭圆的画法

015　**2.2　产品透视的画法**

015　2.2.1　一点透视的画法

016　2.2.2　两点透视的画法

018　2.2.3　三点透视的画法

020　2.2.4　缩短效应和透视畸变

023　2.2.5　圆的透视画法

026　2.2.6　其他形状的透视画法

028　**2.3　明暗关系**

029　2.3.1　光源与明暗

030　2.3.2　不同形态的明暗表现

031　2.3.3　投影的画法

第3章
产品设计中的
造型方法

034　**3.1　基础形态的变化**

034　3.1.1　减法造型

038　3.1.2　加法造型

040　3.1.3　圆角造型

046　3.1.4　旋转造型

047 **3.2 截面与走势线**

048 3.2.1 横截面

049 3.2.2 走势线

051 3.2.3 放样造型

053 **3.3 复杂造型的简化**

057 **3.4 视角**

058 3.4.1 视角的选择

062 3.4.2 产品侧视图

063 3.4.3 圆的视角变化

065 3.4.4 俯视与仰视

第 4 章

色彩与材质的表现

072 **4.1 色彩原理**

074 **4.2 材质表现**

074 4.2.1 哑光与亮面的表现

076 4.2.2 金属材质的表现

079 4.2.3 透明材质的表现

081 4.2.4 木纹材质的表现

083 4.2.5 其他常见材质的表现

087 **4.3 产品配色表现**

087 4.3.1 产品配色类型

096 4.3.2 色彩搭配与产品功能

第 5 章

造型思维和综合表现

099 **5.1 造型的推演**

100 5.1.1 平直造型

103 5.1.2 圆润造型

106 5.1.3 切面折面造型

109 5.1.4 流体造型

111 **5.2 造型的调整与优化**

112 5.2.1 比例与姿态

116 5.2.2 协调与统一

118 **5.3 设计方案的综合表现**

118 5.3.1 视觉平衡

127 5.3.2 情境图的表现

140 5.3.3 设计说明图的表现

143 5.3.4 设计展示版面的表现

附录

学生作品赏析

162　**参考文献**

第 1 章

了解设计
表现

时至今日，设计表现已经成为设计师的一种表达语言。中国工业设计泰斗柳冠中曾经说过，"设计，是一项售前服务"。对于现代设计师而言，设计表现可以帮助他们在任何产品生产之前，快速、准确地描绘出脑海中的设计方案，并进行对比、讨论、筛选、优化，从而设计出可以推向市场的优秀产品。

在计算机绘图迅速发展的今天，是否还需要设计师手绘设计方案？电脑制图不是更加快捷吗？但如果你去任意一家设计工作室参观，你会发现设计师仍在徒手绘制草图方案，他们大多忙碌在纸笔之间而非电脑前，这是为什么呢？这就要从设计表现在设计中的作用谈起了。

1.1 设计表现在设计中的作用

首先，我们简单了解一下产品设计流程，这将有助于我们理解设计表现在设计中的作用。一般来说，在产品生产之前，设计工作主要分为设计调研、创意发散、探讨推敲、设计效果、评估反馈5个阶段。

① **设计调研**。根据设计主题进行相关资料收集、市场调研、用户调研等，从而确定设计的大方向（图1-1）。

② **创意发散**。根据调研的结果和设计需求，明确具体的设计定位，设计师利用头脑风暴等方式进行相关的创意发散，在这一过程中，设计师需要将头脑中大量的设计初案快速地绘制出来，这些简单明了的草图一方面能帮助设计师快速记录设计构想，另一方面能帮助设计师之间进行交流与沟通，推动设计进程（图1-2）。

图1-1 设计调研与设计定位

在创意发散阶段，为了得到尽可能多的方案，设计师不会限制自己的想法，往往会画出大量的设计草图。

③ **探讨推敲**。从这个阶段开始，设计师就要进行设计方案的初选和细化了，通过设计师的讨论、分析、比较，剔除上一阶段中那些不易实现或是过于天马行空的方案，剩下少量的精华方案，进行深入设计，其中也需要大量的设计表现，比如对造型设计进行推敲，或是对结构细节进行深入，从而进一步完善设计方案（图1-3）。

④ **设计效果**。现在，我们已经得到了相对精细的优质设计初案，但它们仍是简单的草图而并

图1-2 设计师正在进行创意发散

非最终的产品效果，为了能够在生产之前让大家看到逼真的产品效果，从而方便设计评估和优化，确保未来能够顺利生产和销售，设计师需要绘制更加精细的产品效果图。在计算机技术普及之前，设计师会用复杂的手绘技巧，耗费大量的时间、精力来绘制效果图，但现在，计算机技术可以实现三维立体模型的建立和展示，逼真程度高，耗费时间短，能够代替手绘效果图（图1-4）。

⑤ 评估反馈。主管部门会根据最终的设计效果图来了解新的设计方案，并根据生产工艺、市场销售等部门的要求进行设计方案的评估，推动设计方案的修改和完善，最终投入生产。

图1-3　一款手持风扇的造型推敲图

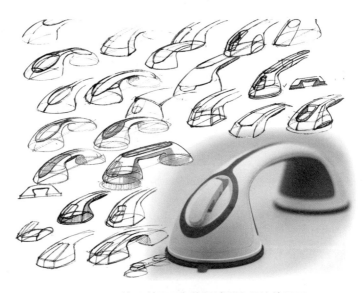

图1-4　一款浴室用吸盘的设计图和最终效果图

可见，在设计流程的各环节中，设计表现在创意发散、探讨推敲等阶段发挥着重要的作用，可以说是设计师的一种表达语言，就像雷诺集团设计执行副总裁劳伦斯·范·登·阿艾克说的那样："设计之美，正如音乐之美，你可以在任何地方工作，而不需要讲当地的语言，就如我可以在意大利工作而不说一句意大利语……作为设计师，你可以用设计图来与人交流，而不被语言和地域等问题所限制。"

1.2　设计表现的草图类型与应用

在不同的设计阶段，设计师们会根据需要绘制不同的产品速写草图，主要分为以下几类。

1.2.1 思维型草图

在思维发散阶段，设计师会将脑海中一闪而过的设计想法快速地画出来，这时的草图没有明确的要求，有些草图甚至看起来像是随手画的涂鸦，以致旁人难以理解。可以说思维型草图更像是设计师在本能反应下绘制的，主要用来记录自己的想法（图1-5）。

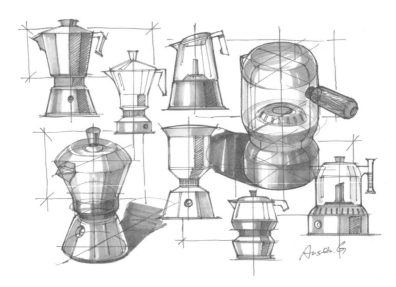

图1-5　一款咖啡壶设计的思维型草图

1.2.2 解释型草图

解释型草图相较于思维型草图要更加精细一些，主要用于设计初期设计师之间的讨论和推敲，因此需要更加完整地表现，以方便其他设计师或工作人员理解设计方案（图1-6）。

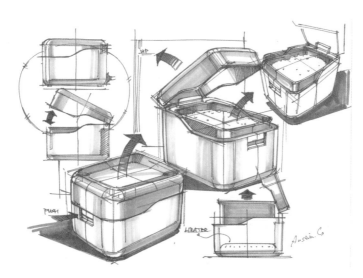

图1-6　一款电饭煲的解释型草图

1.2.3 展示型草图

在探讨推敲阶段后,设计师一般会把筛选过后的方案进行深入和细化,尽可能快速地展示出设计方案,以方便设计主管部门对方案进行评估和反馈(图1-7)。

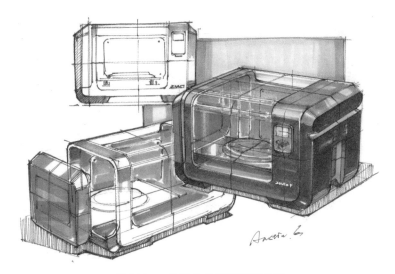

图1-7 一款微波炉的展示型草图

1.2.4 结构型草图

结构型草图通常伴随着解释型草图和展示型草图出现,主要绘制产品的细节和结构,以便设计师对设计方案进行可行性的讨论和评估(图1-8)。

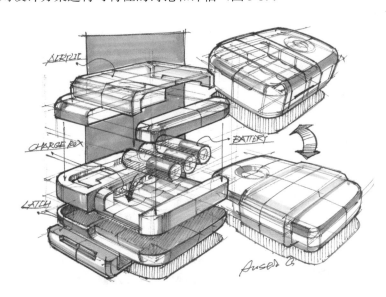

图1-8 一款电池充电器的结构型草图

1.3 设计表现的学习准备

1.3.1 绘制工具的介绍

（1）笔类工具

① **针管笔**。针管笔是设计表现中最常用到的笔类之一，其优点是画线流畅、出墨均匀、粗细选择很多，甚至还有彩色针管笔供选择；缺点是价格较高，且不能替换笔芯，使用成本高。常用的针管笔粗细一般在0.2～0.8mm范围内（图1-9、图1-10）。

图1-9 不同型号的针管笔
型号单位：mm BR：软毛头

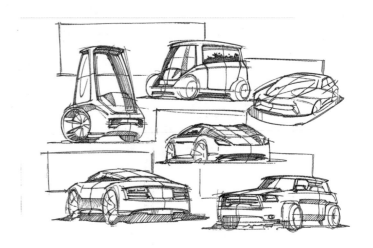

图1-10 用针管笔绘制的设计草图

② **纤维笔**。优点和针管笔类似，颜色选择更多，价格便宜；缺点是笔头会随着使用磨损而变粗，耐用度不高（图1-11）。

③ **圆珠笔**。优点是视觉表现力强，可以画出线条不同的深浅变化，缺点是出墨不够均匀，偶尔会有落笔的墨点影响画面效果（图1-12）。

图1-11 不同颜色的纤维笔

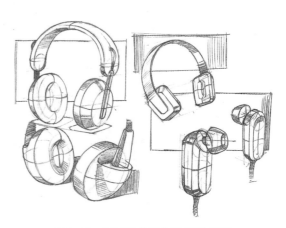

图1-12 用圆珠笔绘制的设计草图

④ 彩色铅笔。优点是色彩丰富，可以用来勾线也可以用来上色，线条有轻重的变化。缺点是彩铅颗粒容易将画面蹭脏，与马克笔等其他绘图工具同时使用时有染色的可能，作画时需小心使用（图1-13）。

⑤ 马克笔。作为最常用的上色工具，其优点是颜色非常丰富、色彩表现力佳，易于表现不同的产品色彩和材质；缺点是价格较高、不易修改，且在吸水性好的纸面上作画会出现晕染的情况（图1-14）。

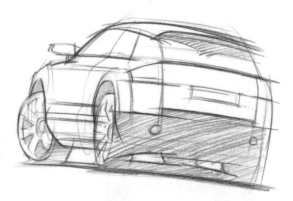

图1-13　用彩色铅笔绘制的汽车草图

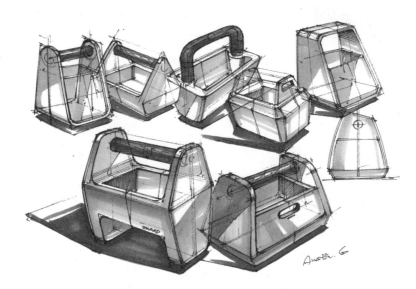

图1-14　用马克笔绘制的设计草图

⑥ 高光笔。顾名思义，专门用来画产品的高光部分，一般为白色，常用的有两种类型：油性高光笔，覆盖力强，但较为生硬，不易修改；彩铅高光笔，覆盖力稍弱，但能画出自然的过渡和变化（图1-15、图1-16）。

（2）纸张

练习设计表现时最好选择纸面光滑、吸水性不强的纸张，常用的有以下几种。

① 打印纸。优点是价格比较便宜、纸张规格多，且适用于多种表现工具，适合初学者在大量练习阶段使用；缺

图1-15　白色油性笔作为高光笔

图1-16　白色铅笔作为高光笔

点是纸张比较单薄，不同品牌品质不一，且用马克笔上色时部分纸张会发生晕染（图1-17）。

② 工程绘图纸。特点是厚实耐用、质量统一、规格多，适合绝大多数的绘图工具，表现力好但价格昂贵（图1-18）。

③ 异色纸。主要指非白色的纸张，比如彩色卡纸或者牛皮纸。这类纸张的优点是厚度较厚，且异色纸配合高光笔适合表现透明材质；缺点是价格较高且尺寸规格少（图1-19、图1-20）。

图1-17　打印纸

图1-18　工程绘图纸

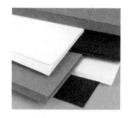

图1-19　异色纸

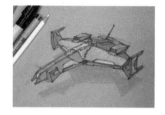

图1-20　用牛皮纸绘制的草图

（3）其他工具

尺类：圆形尺、椭圆尺，方便绘制不同的圆形（图1-21、图1-22）。曲线板、蛇形尺，方便绘制不同曲度的曲线（图1-23）。尺类工具使用起来耗费时间，更适用于精细化设计草图。

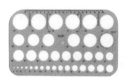

图1-21　圆形尺

图1-22　椭圆尺

图1-23　蛇形尺

1.3.2　养成良好的绘图习惯

（1）做好记录

在学习设计表现前，可以准备一个速写本或者文件夹，用以收集整个学习过程中绘制的作品。这是一个很好的学习习惯，可以通过回顾作品汲取经验，不断进步。

（2）调整身体姿势

在绘图时，需要坐姿端正，尽量挺起背部，眼睛远离纸面，且目光尽量与纸面垂直，这样一来在绘图时能够尽可能地避免透视畸变对画面的影响，也有助于身体健康（图1-24）。握笔要轻盈，保证笔在手中不晃动即可，切忌用力过猛。

图1-24　正确的坐姿

第 2 章

设计表现的
基础训练

2.1　线条的画法

线条是构成设计表现的基础，线条的准确度和流畅度直接决定了一幅设计表现作品的质量。线条的绘画体现了人的大脑对手的控制力，对于初学者来说，线条的练习至关重要。一般来说，我们把线条分为直线、曲线和椭圆三种类型。

2.1.1　直线的画法

直线，是设计表现中最常用的线条类型，直线除了可以用来绘制平直类产品外，还可以起到辅助绘图、丈量画面的作用。好的直线需要达到两个标准，一是"直"，二是"准"。我们可以根据直线长度的不同来学习不同的绘制方法。

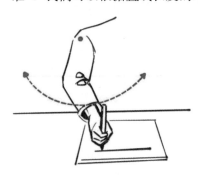

图2-1　长直线的挥笔动作

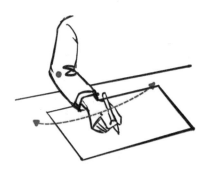

图2-2　中长直线的挥笔动作

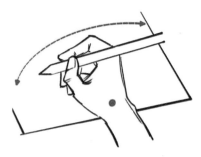

图2-3　短直线的挥笔动作

① 长直线。一般来说，我们将超过15cm的直线称为长直线，长直线通常用来起形、确定绘制产品的位置，以及丈量画面尺寸等。

练习时，首先身体坐正，背部挺直，眼睛远离画面，给手臂留出适当的运动空间，然后以肩关节为轴，带动大臂左右摆动，其他手臂部位与大臂保持一致，作钟摆状移动，并在摆动过程中画出直线（图2-1）。如果手臂移动不畅，可以稍稍倾斜身体，为手臂移动让位。

② 中长直线。我们称长度在10cm左右的直线为中长直线，中长直线多用于平直类产品的绘制以及画面局部的尺寸丈量等。

练习时，在端正的坐姿基础上，以肘关节为轴，带动小臂及手进行摆动（小臂与手动作保持一致），在摆动过程中画出直线（图2-2）。注意避免直线发生弧度弯曲。

③ 短直线。我们称长度在5cm左右的直线为短直线，短直线多用于平直类产品的局部结构绘制以及光影明暗等辅助线的绘制。

练习时，在端正的坐姿基础上，以手腕为轴，带动手指移动（手掌与手指保持一致），在移动过程中画出直线（图2-3）。

④ 极短直线。我们称长度在2cm以内的直线为极

短直线，极短直线多用于平直类产品的细节描绘以及光影明暗等辅助线的绘制。

　　练习时，在端正的坐姿基础上，以手指为轴，带动指尖移动，在移动过程中画出直线（图2-4）。

　　直线的综合练习（图2-5）：

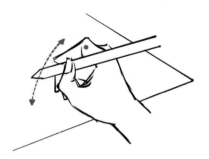

图2-4　极短直线的挥笔动作

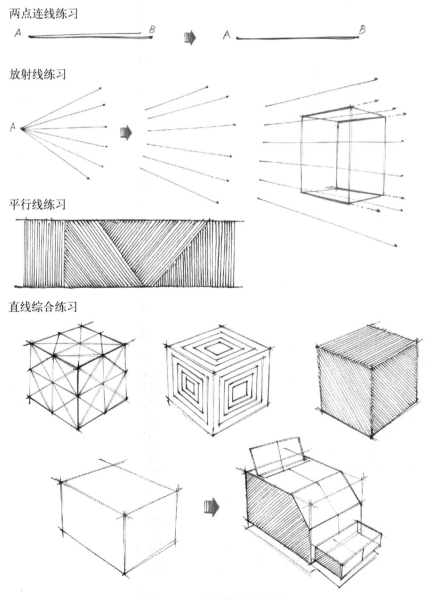

两点连线练习

放射线练习

平行线练习

直线综合练习

图2-5　直线的练习案例

① 两点连直线锻炼直线的准确度，在精准连线的基础上，尽可能保证直线笔直和流畅。

② 从A点开始画放射线，熟练后可脱离A点，只画带有放射趋势的直线，为后续画透视线做准备。

③ 平行线练习，画出尽可能密集、等距的平行线。平行线可用来绘制产品明暗或厚度细节。

2.1.2　曲线的画法

曲线的变化比直线多，同时对于流畅度要求较高，一般来说，我们可以用两种方法绘制曲线。

① 徒手绘制自由曲线。手腕放松，握笔不要太用力，依靠大臂带动来绘制流畅的曲线，用这种方法绘制的曲线流畅度高，但准确性却很难把握，适合构思起形阶段的快速造型。

② 以点连线绘制曲线。先在画面上确定曲线即将要经过的点，然后移动手腕，用短曲线去连接各个点以形成完整的长曲线，要注意的是，不要直接将点与点相连，这样画出的是折线，而应该在连接下一点之前有一个方向上的过渡。这样的曲线画出来比较准确，适合绘制精细的草图，但流畅度往往偏低（图2-6）。

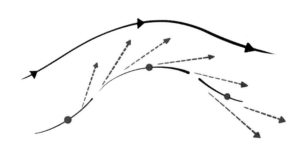

图2-6　定点画曲线的笔的走势

曲线的综合练习（图2-7）：

① 以点连曲线的练习，在精准连线的同时要尽可能保证曲线的平滑和流畅。

② 徒手画自由曲线，尝试绘制平行曲线或渐变曲线，进一步提升曲线流畅度和精准度。

点连曲线练习

自由曲线练习

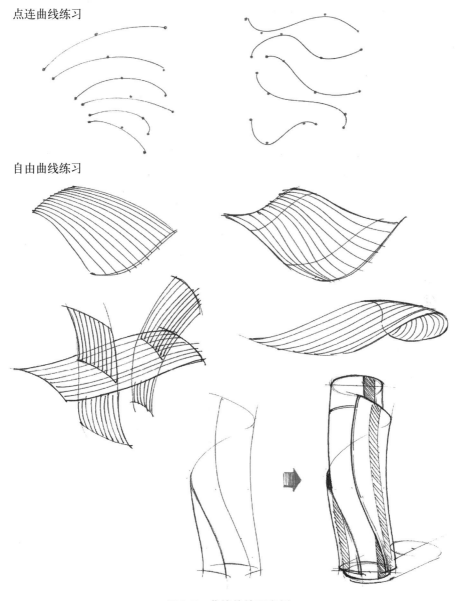

图2-7　曲线的练习案例

2.1.3　椭圆的画法

椭圆在设计表现中应用很广，很多圆柱形产品都需要用到椭圆，因而要多加练习。画自由椭圆时用手肘带动小臂和手，朝着顺时针或逆时针的方向画圈，尽量画得对称、圆润、饱满。开始练习时可以快速画圆寻找感觉，不用在意椭圆的大小、位置，等画得比较熟练后再进行精准椭圆的练习。

椭圆的综合练习（图2-8）：

① 自由椭圆的练习，快速徒手画椭圆，保证画出的椭圆流畅、圆滑。在此基础上，尝试画方形的内切椭圆，练习椭圆的精准度。

② 练习画不同长短轴比的椭圆，可以尝试从较扁的椭圆开始，慢慢变化成较圆的椭圆。

③ 练习椭圆的变化，比如内缩椭圆、下陷椭圆、渐变椭圆等，为后面的造型方法做准备。

自由椭圆练习

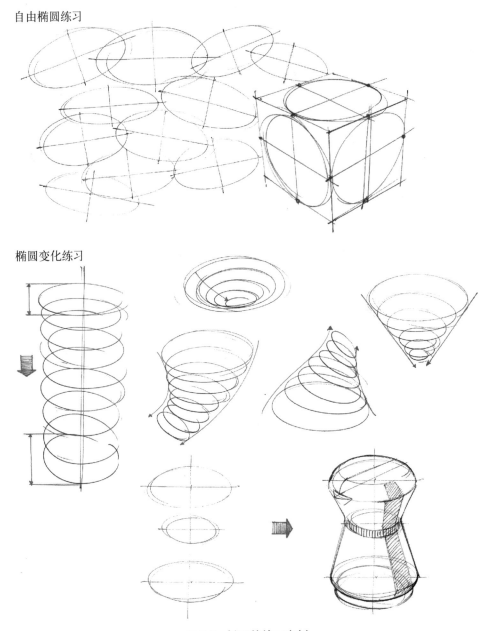

椭圆变化练习

图2-8　椭圆的练习案例

2.2 产品透视的画法

透视是一种绘画理论术语，"透视"（perspective）一词源于拉丁文"perspclre"（看透），指在平面或曲面上描绘物体空间关系的方法或技术。

"透视"是起源于文艺复兴时期欧洲画家的一种作画方式。为了准确描绘出眼前的景物，画家们开始将玻璃板作为画布，透过玻璃板观察眼前的景物并准确地描绘出来，后来人们将这种"透而视之"的作画方式称为透视（图2-9）。

图2-9 丢勒《画乐器的画家》

让我们还原当年的作画方式，试想我们的眼前有一面平行于我们脸部的玻璃板，玻璃板外有一个立方体盒子。那么，根据盒子与玻璃板的不同位置关系，我们可以模拟出三种不同的透视法则，分别是一点透视、两点透视、三点透视。

2.2.1 一点透视的画法

（1）一点透视的原理

当立方体盒子其中一个面与玻璃板（画面）处于平行状态时，我们可以看到在画面中纵深方向上的几条边随着距离的拉远慢慢聚拢，并存在汇聚于一点的趋势，这个点我们称为消失点或者灭点（VP），此时在画面中，有且只有一个消失点，因此这种透视被称为"一点透视"。又因为这时的立方体和玻璃板（画面）呈平行关系，所以一点透视又叫做"平行透视"（图2-10）。

在设计表现中，我们可以利用一点透视快速将产品的侧视图转换为立体图，同时可以表现出产品正式、稳重的视觉效果（图2-11）。

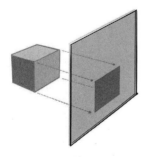

图2-10 一点透视的原理示意图

图2-11 用一点透视表现的收音机

（2）作图方法（图2-12、图2-13）

① 画出视平线（HL），在视平线上任意位置画出消失点（VP）。

② 在画面任意位置画出立方体与玻璃板（画面）平行的面ABCD，并将A、B、C、D

四个顶点与消失点（VP）相连接以确定纵深方向的透视线。

③ 画出立方体纵深方向的边 AA_1，并以 A_1 为起点画出立方体另一个平行面 $A_1B_1C_1D_1$。

④ 强化轮廓完成绘制。

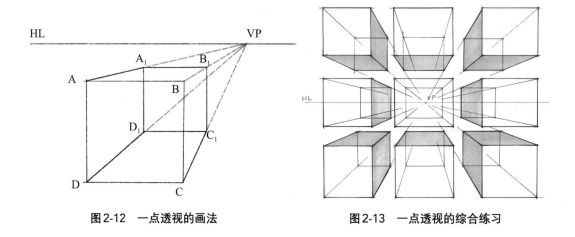

图2-12　一点透视的画法　　　　　图2-13　一点透视的综合练习

思考

在一点透视中，如果方体其中一个面沿着边长方向向外延伸，那么延伸一段距离后的方体会如何变化？

2.2.2　两点透视的画法

（1）两点透视的原理

当立方体盒子的一条边与玻璃板（画面）保持平行状态时，我们可以看到与这条边相邻的纵深方向的边随着距离的拉远分别向左右两边慢慢聚拢，并存在汇聚于左右两点的趋势，即说明这时存在两个消失点，这种透视关系被称为"两点透视"，又叫做"成角透视"。在两点透视中，垂直方向上没有消失点，所以立方体所有垂直方向上的边都互相平行，且与视平线互相垂直（图2-14）。

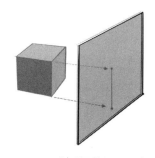

图2-14　两点透视的原理示意图

两点透视的效果最接近人们观察工业产品时的视觉感受，与一点透视相比，它能够更加生动地表现出产品的不同状态。因此在设计表现中，两点透视运用最为广泛（图2-15）。

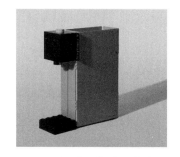

图2-15　用两点透视表现的净水机

（2）作图方法（图2-16、图2-17）

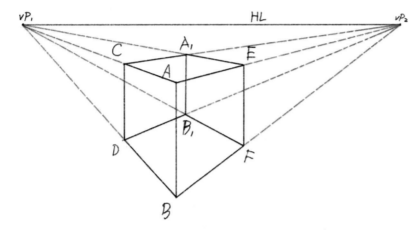

图2-16　两点透视的画法

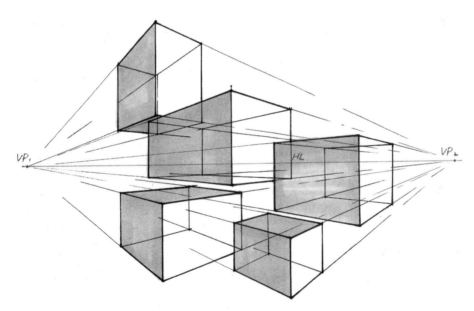

图2-17　两点透视的综合练习

① 画出视平线（HL），在视平线左右两端画出两个消失点（VP$_1$、VP$_2$），并尽量让它们之间的距离拉远，这决定了我们的视野范围，也可以一定程度上避免过分的透视畸变。

② 画出立方体与玻璃板（画面）最近的平行边AB（真高线），并将顶点A、B分别向左右连接两个消失点画出透视线AVP$_1$、AVP$_2$、BVP$_1$、BVP$_2$。

③ 在AVP$_1$和AVP$_2$两条线上确定左右两侧的纵深边长AC和AE，并以C、E两点为起点画垂直线与BVP$_1$和BVP$_2$相交于点D、F。

④ 分别以C、D、E、F为起点连接VP$_1$、VP$_2$，其中CVP$_2$与EVP$_1$相交于A$_1$，DVP$_2$与FVP$_1$相交于B$_1$，连接A$_1$B$_1$。

⑤ 强化轮廓完成绘制。

在两点透视中，如果方体其中一个面沿着边长方向向外延伸，那么延伸一段距离后的方体会如何变化？

2.2.3 三点透视的画法

（1）三点透视的原理

当立方体盒子任何面（边）都不与玻璃板（画面）平行时，与两点透视类似，我们可以看到除了左右两边的消失点外，还存在着第三个消失点，而这个消失点的位置根据我们观察立方体视角的不同而不同。当立方体处于视平线上方时（仰视），第三个消失点处于视平线上方极高处，称之为"天点"；当立方体处于视平线下方时（俯视），第三个消失点处于视平线下方极低处，称之为"地点"。三点透视表现出的视域更广，又称为"广角透视"（图2-18）。

用三点透视可以表现出产品夸张的透视畸变效果，适合表现体积较大的工业产品，如ATM机等公共设施，或是冰箱等大型家电产品，但要注意避免视角错误和过于夸张的透视畸变（图2-19）。

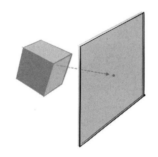

图2-18 三点透视的原理示意图　　　图2-19 用三点透视表现的手提音响

（2）作图方法（图2-20、图2-21）

① 画出视平线（HL），在视平线左右两侧画出消失点（VP_1、VP_2），在视平线上方（或下方）画出消失点 VP_3。

② 画出立方体离玻璃板（画面）最近的一点A，并将A点与三个消失点进行连接，得到透视线 AVP_1，AVP_2 和 AVP_3。

③ 在三条透视线上画出立方体透视方向上的三条边AB、AC、AD，并以B、C、D三点为起点分别连接消失点 VP_1、VP_2 和 VP_3，得到交点E、F、G。

④ 将E、F、G三点分别连接消失点 VP_1、VP_2 和 VP_3，得到立方体最后方的交点H，强化轮廓完成绘制。

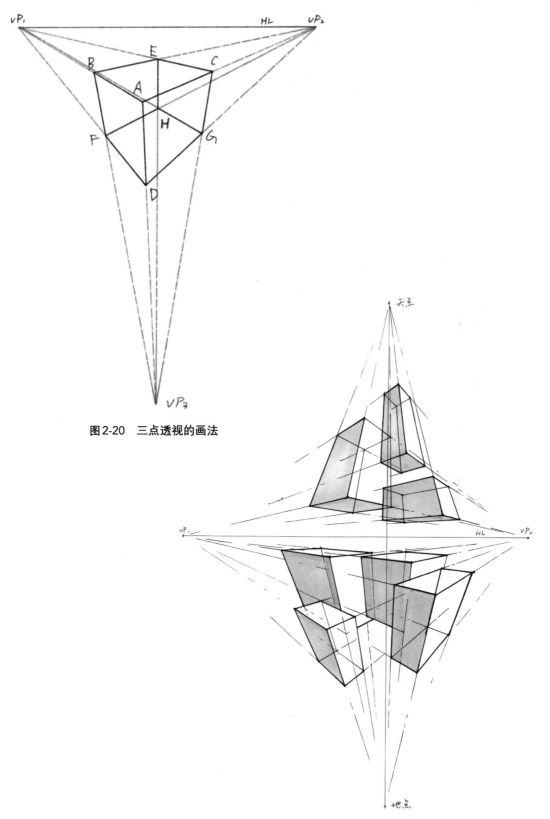

图2-20　三点透视的画法

图2-21　三点透视的综合练习

在三点透视中，如果方体其中一个面沿着边长方向向外延伸，那么延伸一段距离后的方体会如何变化？

2.2.4 缩短效应和透视畸变

（1）缩短效应

中国有个成语叫做"一叶障目"，意思是说当我们把一片小小的树叶放在眼前时，它会变得非常大，以至于遮住我们的整个视野，这种近大远小的视觉规律是透视的一大特点，我们通常会称它为"缩短效应"。

图2-22左边是一个两点透视的立方体盒子，由于透视线的汇聚作用，本应该平行的两条线AC和BD变得不再平行，而是向消失点汇聚，这样一来，方形的中心点O在视觉上就会向远处偏移，造成的结果就是距离越远的盒子显得尺寸越小。

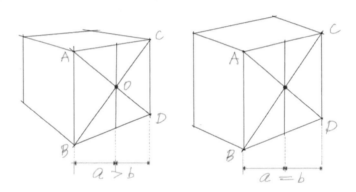

图2-22　透视中的方形中心会向着消失点方向偏移

透视中的缩短效应是人们眼睛的生理构造决定的，千百年来我们已经适应了这种视觉变化，以至于如果真的放一个完全没有缩短效应的方盒子在眼前时（各个边都平行），我们反而会不习惯这种视觉变化。在透视图中画出等长的线的方法如图2-23所示。

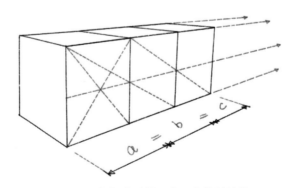

图2-23　如何在透视图中画出等长的线

（2）透视畸变

透视畸变一词源于摄影，指的是一种夸张的透视视觉效果，日常生活中最常见的透视畸变就是猫眼效果（图2-24、图2-25）。可以说，只要是透视图，就必然伴随着畸变的效果。但过于夸张的透视畸变会令产品看上去失真，因此在设计表现中，我们要根据不同的情况谨慎选择透视畸变的效果。

图2-24　猫眼效果　　　　　　　图2-25　透视畸变

不难看出，透视畸变的夸张程度主要取决于透视线的夹角角度。相邻的透视线夹角越大，透视畸变越强烈；夹角越小（近似平行），透视畸变越弱。

根据这个规律我们可以在表现不同的产品时选择不同的透视畸变效果，体积较小的产品选择不太夸张的透视畸变，体积较大的产品则可以用夸张的透视畸变来表现产品的体量感和空间感（图2-26）。

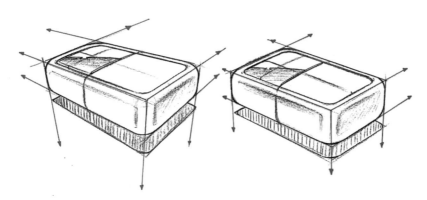

图2-26　夸张的透视效果与正常的透视效果

（3）立方体透视常见的问题

① 避免"暧昧"的视角。如图2-27所示，有时我们会把透视下的立方体两个对角大小画得一样，这样就会造成立方体前后的两条垂直边线重叠在一起，影响观看者对立方体造型的理解。

解决方法：以一个两点透视的立方体为例，起形时，我们可以先画出一条与真高线AB垂直的水平线1，然后画出B点相邻的两条边，注意，画的时候让这两条边与水平线的夹角不一致，并在两条边上确定点C、E的位置，注意，夹角大的一侧边长显得更短（图中线段a<b），接着根据透视趋势画出其他各边的位置，最后完成绘制，这时，立方体前后的两条边AB和GH不再重叠。

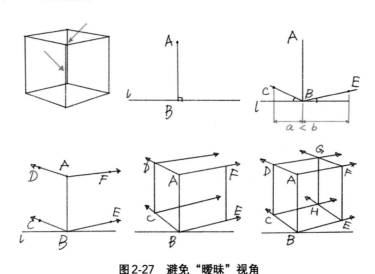

图2-27 避免"暧昧"视角

② 注意透视趋势的一致。如图2-28所示，左图中立方体左右两侧透视趋势不一致，右侧垂直边离消失点较远，透视线汇聚角度应该较小，而右侧汇聚角度过大，导致物体失真。应保证两侧透视线汇聚角度和谐统一，如右图。

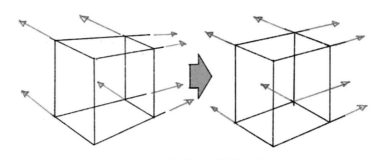

图2-28 保持透视趋势一致

③ 避免呆板的透视效果。如图2-29所示，左图中立方体右侧面几乎画成了正方形，导致视角过正，近似一点透视而显得过于呆板。在绘制时应注意使真高线左右两边的边线与水平线呈一定的夹角，如右图。

④ 画辅助线避免透视错误。透视下的立方体左右边线应向消失点汇聚，而左图中立方体底面的边线却向消失点呈放射状发散，这时，我们可以绘制长直线作为辅助线，避免透视错误（图2-30）。

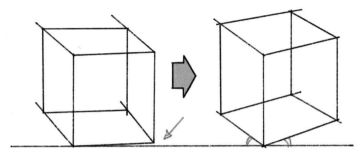

图2-29　避免呆板的透视效果

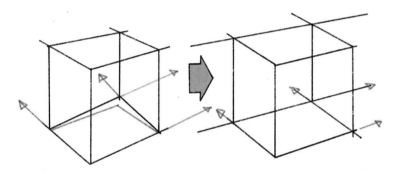

图2-30　运用辅助线避免透视错误

2.2.5　圆的透视画法

圆的透视在设计表现中非常常见，所有圆柱形的产品都存在圆的透视。正圆在透视的情况下会呈现椭圆的形状，但在不同的透视视角下，呈现的椭圆形状和位置都不相同，这时我们可以利用方中求圆的方式来绘制这个椭圆形状，这种方法称为"八点画圆法"（图2-31、图2-32）。

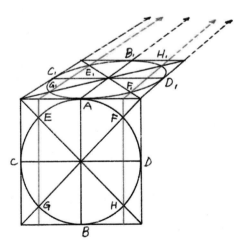

图2-31　八点画圆法原理示意图

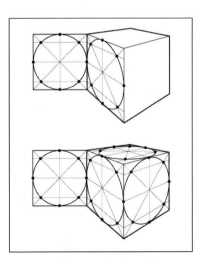

图2-32　八点画圆示例

① 绘制一个正圆，并画出与这个正圆相切的正方形。

② 画出这个正方形相对边的中点连线与对角线，分别与正圆交于点A、B、C、D、E、F、G、H八个点。

③ 以正方形为一点透视的立方体前侧面，画出符合透视的顶面方形以及此方形的对角线与相对边中点连线。

④ 连接EG、FH，并在顶面方形上沿着透视方向画出线条E_1G_1与F_1H_1，与顶面方形的两条对角线相交于E_1、G_1、F_1、H_1四个点，加上顶面方形四条边的中点A_1、B_1、C_1、D_1，形成与正圆对应的八个点。

⑤ 根据图形规律，可以想象在顶面方形中存在一个相切的椭圆，就是前侧面正圆的透视圆，这个圆必定经过A_1、B_1、C_1、D_1，E_1、G_1、F_1、H_1这八个交点，那么我们就可以轻松画出这个椭圆了。

八点画圆法虽然较为精准，但绘制过程过于繁琐，耗时耗力，那么是否有更为方便的圆的透视画法呢？我们从圆的两种透视情况来分别讲述。

（1）垂直圆柱

垂直圆柱是指中轴线与水平线垂直的圆柱，比如水平桌面上放置的水杯。绘制这类圆柱我们可以用方中求圆的方法，但要注意一个要点，就是垂直圆柱的所有水平截面形成的椭圆，其长轴应始终保持水平。

从图2-33中不难看出，用方中求圆的方式画出的透视圆柱有以下两个特点。

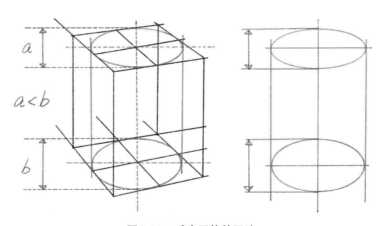

图2-33　垂直圆柱的画法

① 距离视平线越远的截面椭圆越扁，即左图中上方截面椭圆（离视平线更近）的短轴长度a小于下方截面椭圆短轴长度b（离视平线更远）。

思考

在视平线上方的圆柱是否满足这个条件？

② 所有截面椭圆的短轴都在圆柱的中轴线上，长轴则呈水平状态且长度相等（两点透视情况下），中轴线左右的椭圆弧度形状互相对称。

那么根据这样的特点，我们就可以用更加简便的方法来绘制垂直圆柱了：首先画出一条垂直线作为圆柱的中轴线；然后确定上下截面椭圆的圆心位置，并画出两个椭圆的长轴；接着用平滑的曲线画出两个椭圆，注意离视平线近的椭圆要稍微扁一些；最后画出圆柱左右两边的轮廓线，分别与上下截面椭圆相切（图2-34）。

通常情况下，在画垂直圆柱时，我们会采用两点透视而不用三点透视，原因在于三点透视会让圆柱的垂直轮廓线产生向下或向上的收拢，这常常会让观看者产生这是一个梯形圆台的错觉（如图2-35）。

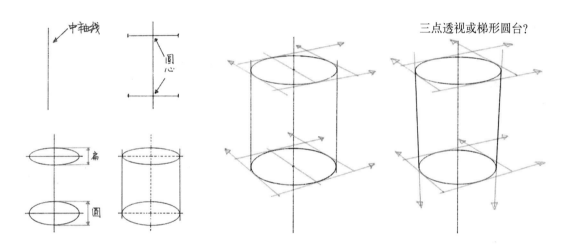

图2-34　垂直圆柱的简便画法　　　　图2-35　两点透视和三点透视的垂直圆柱

（2）水平圆柱

水平圆柱是指放置在水平面上的圆柱（图2-36），这时圆柱的中心轴不再像垂直圆柱那样只有垂直方向了，而是应该朝向视平线上的某一个消失点，当视野中圆柱左侧面露出时，中轴线应朝向右边消失点，反之则朝向左边消失点。这种圆柱我们依然可以用方中求圆的方法绘制出来，但要注意，无论水平圆柱如何放置，圆柱中所有截面的椭圆都应满足一个条件，即长轴与圆柱中轴线保持垂直。

从图2-37中可以看出透视视角下水平圆柱的特点：

① 圆柱中轴线、上下边缘轮廓线均朝向消失点方向，并且与透视线汇聚趋势相同，截面椭圆短轴均在

图2-36　倒放的水杯就可以看作"水平圆柱"

中轴线上，长轴则始终与中轴线保持垂直。

② 离我们较近的截面椭圆显得更扁一些，而距离较远的截面椭圆则更圆（由于透视影响，我们无法直接比较两个截面椭圆的短轴长度，只能通过长短轴比来判断哪个更圆，以修正透视错误）。

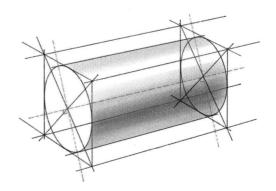

图 2-37　水平圆柱的画法

根据水平圆柱的特点我们可以用更简便的方法来绘制椭圆：首先画出一条中轴线，并根据圆柱长度确定两个截面椭圆的圆心；然后画出两个截面椭圆，注意椭圆长轴与中轴线要保持垂直，离我们更近的椭圆较扁；接着画出两个椭圆的共同切线（圆柱的轮廓线），这两条线应朝向消失点（图2-38）。

如果想要确定另外一侧的透视线，可以在截面椭圆左右两侧画与椭圆相切的垂直线，连接切点并延长，即得到另一侧透视线，这种方法可以帮助我们快速找到透视关系，以便于圆柱产品其他形态部件的绘制。

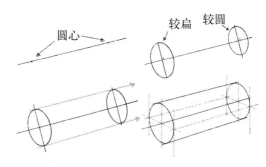

图 2-38　水平圆柱的简便画法

2.2.6　其他形状的透视画法

在设计表现中，常常会遇到很多不同形状的产品，那么这些形状在透视的情况下应该如何绘制呢？我们以最为常见的三角形和五边形为例来进行讲解。

图 2-39　以三角形为基础的产品造型

（1）三角形的透视

三角形是很常见的形状，除了本身就是三棱柱造型的产品外，还会用在如三脚架等支撑结构的设计上（图2-39）。

作图方法（图2-40）：

① 绘制一个透视圆形，即一个椭圆，并标出圆心O。

② 在椭圆上画出三角形的一个顶点A，连接A、O两点并延长，画出透视线，并与椭圆相交于B点，以A、B两点为切点分别画出与椭圆相切的另一侧的透视线。

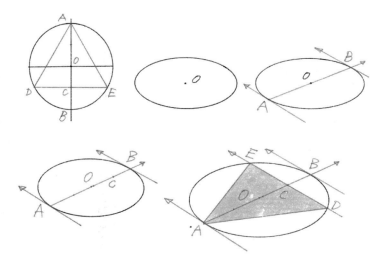

图2-40　透视三角形的画法

③ 将AB线段四等分，注意在缩短效应影响下四等分线段应逐次缩短，并标出四分之三处的点C。

④ 过C点画出透视线，并与椭圆相交于D、E两点，连接A、D、E三点即得到一个透视的三角形。

（2）五边形的透视

比较常见的五边形的产品包括一些汽车轮圈设计、办公椅的滑轮设计等（图2-41）。和三角形一样，我们也可以用椭圆定点的方式画五边形，但与三角形不同的是，用这种方法画出的五边形会稍有误差，但考虑到设计表现仅是设计草图表现方法，微小的误差可以忽略不计。

作图方法（图2-42）：

① 绘制一个透视圆形，即一个椭圆，并标出圆心O。

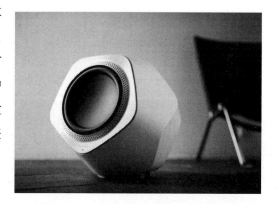

图2-41　以五边形为基础的产品造型

② 在椭圆上画出五边形的一个顶点A，连接A、O两点并延长，画出透视线，并与椭圆相交于B点，以A、B两点为切点分别画出与椭圆相切的另一侧的透视线。

③ 将AB线段三等分，注意在缩短效应影响下三等分线段应逐次缩短，并标出三等分处的点C、D，再将DB线段继续三等分，标出点E、F。

④ 过C、F两点画出透视线，并与椭圆分别相交于H、G两点和J、I两点，分别连接A、H、J、I、G即得到一个透视的五边形。

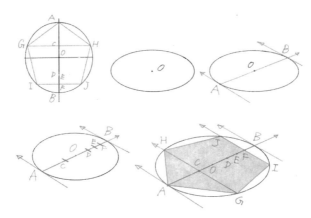

图2-42　透视五边形的画法

多边形透视的综合练习如图2-43所示。

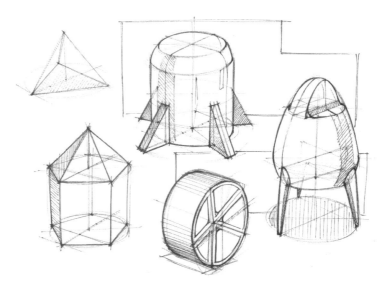

图2-43　多边形透视的综合练习

思考

透视六边形和八边形应该怎么画？

2.3　明暗关系

明暗关系可以有效地表现出产品的立体感，并使产品融入环境中。明暗关系一般包括两方面：一是物体每个面在光源照射下的明暗差别；二是物体在光源照射下投射在平面上的投影。

2.3.1 光源与明暗

光源是指发出光线的源头，光源的类别很多，比如面光源、点光源等，但在设计表现中，为了精简绘制过程，我们一般默认光源为均匀的平行光。

光源对产品产生影响一般取决于两个因素——光源的高度和光源的方向（图2-44）。光源高度一般指光线与水平面产生的夹角，夹角越接近90°，光源高度越高。光源方向则是指光源向物体照射过来的方向。可以想象将物体放置在中心，光源可围绕物体一周移动。

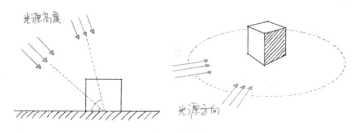

图2-44　光源高度与光源方向

不同的光源对物体的明暗关系影响较大，我们应该在绘制物体明暗关系前先确定好光源的高度和方向。确定光源位置后，可以根据光线和物体每个面呈现的不同角度来确定明暗程度。

物体的灰暗部区域可以用短直线画平行线的方法来加重颜色，用不同的疏密对比来区分不同的明暗，为了精简绘制过程，一般来说我们用两种不同的疏密线条就足够了，即可以区分亮面（空白）、灰面（稀疏的线条）、暗面（密集的线条），甚至可以只分亮面和暗面两种明暗对比（图2-45）。除了用疏密线条外，也可以用灰色系马克笔来表现物体明暗变化。

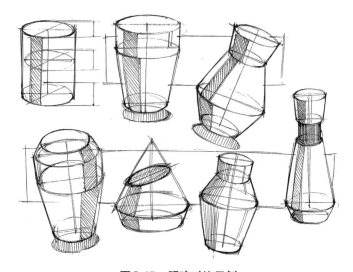

图2-45　明暗对比示例

以一个立方体为例，当光源从左边斜上方30°照射过来时，左侧面为亮面，顶面为灰面，右侧面为暗面（图2-46）。

当光源从左边斜上方45°照射过来时，左侧面与顶面明暗度一样，右侧面为暗面（图2-47）。

当光源从左边斜上方70°照射过来时，顶面为亮面，左侧面为灰面，右侧面为暗面（图2-48）。

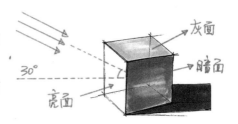

图2-46　30°光源的立方体明暗部

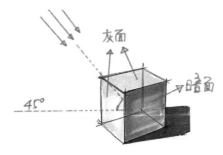

图2-47　45°光源的立方体明暗部

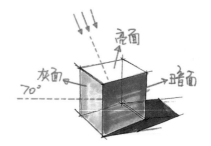

图2-48　70°光源的立方体明暗部

2.3.2　不同形态的明暗表现

对于不同的几何形态，明暗表现也不相同，但要注意，无需过多地关注细微的明暗变化，简要快速地表达即可（图2-49）。

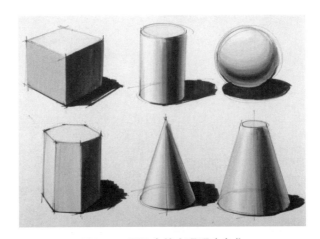

图2-49　用马克笔表现明暗变化

除了方体这种棱角分明的造型外，我们还需要了解诸如圆柱、棱锥、球体等曲面物体的明暗表现，这些曲面在明暗变化上更为柔和，我们需要分不同明暗区域进行表现，否则就会陷入过度描绘细节变化的困境。

一般来说，这一类曲面可以划分为亮部、灰部、暗部和反光四个区域，在表现时四个区域应自然过渡，切忌画出明显的分界线（图2-50）。

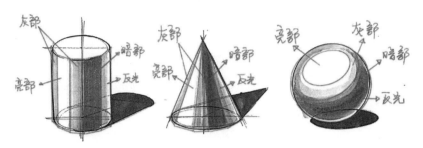

图2-50　曲面明暗过渡

也可以用线条来表现曲面的明暗关系，但如果明暗层次太多则会显得过于杂乱，因此建议在用线条表现曲面明暗时，只画出暗部区域即可，如图2-51。

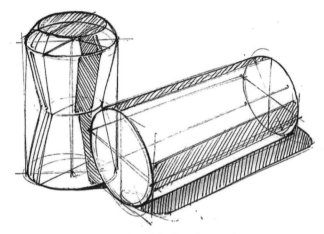

图2-51　用线条表现曲面明暗

2.3.3　投影的画法

画出投影可以增加物体的立体感，并帮助物品更好地融入环境，有时投影还可以作为背景来衬托产品造型。

在绘制物体投影时我们首先需要确定光源高度和方向，以一个立方体为例，我们将光源的高度和方向用两条辅助线a和b表示出来，沿着光源高度走向，以顶面四个顶点A、B、C、D为起点画辅助线，沿着光源方向以底面四个顶点为起点画辅助线，并与之前的辅助线相交于A_1、B_1、C_1、D_1，得到投影区域（灰色区域）（图2-52）。

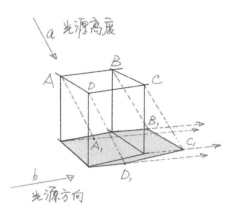

图2-52　方体投影的画法

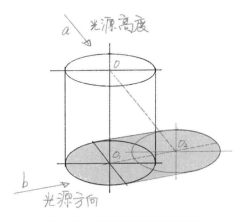

图2-53　垂直圆柱投影的画法

圆柱的投影画法和立方体类似，同样先画出光源高度和方向的辅助线a和b，然后以顶面圆心O和底面圆心O_1为起点，沿着a和b的方向画辅助线，得到交点O_2，接着以O_2为圆心画出椭圆，此椭圆是顶面椭圆的投影，但根据透视原理，它应该和底面椭圆处于同一个透视中，因此我们画一个比底面椭圆稍小的椭圆即可，最后连接这两个椭圆的切线，灰色区域即为圆柱的投影区域（图2-53）。这种绘制投影的方法也同样适用于圆锥、圆台等造型。

如果要绘制的产品造型比较复杂，那么这种丈量投影的方法就显得太过繁琐，于是很多设计师会选择更加便捷的投影绘制方法，比如采用顶光源投影的方式。

顶光源的投影很好表现，我们只需要将产品的底面造型轮廓画出来，并向下平移，即可得到相应的投影区域（图2-54）。

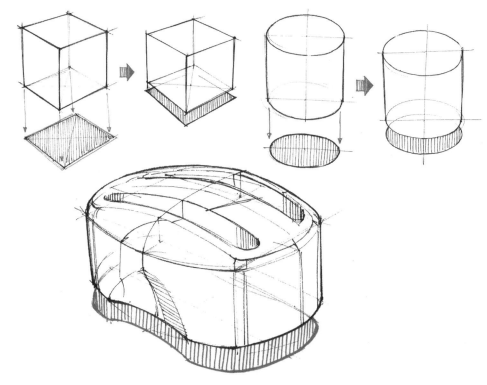

图2-54　顶光源投影的画法

第 3 章

产品设计中的
造型方法

产品设计是一项极具创造性的活动，设计师需要把科技、结构、材料及工艺有机地融合在一起，并用视觉化的方式呈现出来。一件工业产品，到底应该是什么样子呢？相信不同的设计师会给出不同的方案。重要的是，这些形状各异的造型如何从设计师的脑海中变成我们能看到的形态呢？这个过程，就是造型。

造型是一种从无到有的过程，设计师会运用点、线、面、体等基本元素，通过一系列的规律、排列及变化形成他想要的造型，并最终呈现出来。这一章节会着重讲解一些常用的造型方法来提升我们的设计能力，以应对不同的设计需求。

3.1 基础形态的变化

基础形态一般指简单、规则的几何形态，如方体、圆柱体、球体等，大部分的产品造型都可以通过基础形态的变化而产生。利用基础形态造型的优势在于我们可以很容易地找到产品的透视关系，造型思维方式也比较容易理解；但劣势是造型变化较少，很难画出复杂的曲面造型形态，比如一些有机类造型就不适合用基础形态变化的方法来实现（图3-1）。

图3-1 造型各异的积木

在造型时，我们可以根据设计方案的特点，选择相应的基础形态来起形，再运用各种不同的造型方法进行形态变化和细节刻画。

3.1.1 减法造型

减法造型是指在基础形态上做减法的造型方法，常见的减法造型包括切割、挖槽等。

　　减法造型的核心在于先将完整的基础形态画出来，再利用线、面、体等元素进行修减和去除，要注意的是，在整个绘制过程中要保证各个部分的透视统一（图3-2、图3-3）。

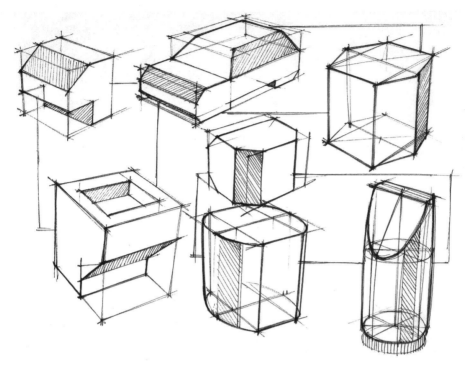

图3-2　减法造型综合练习1

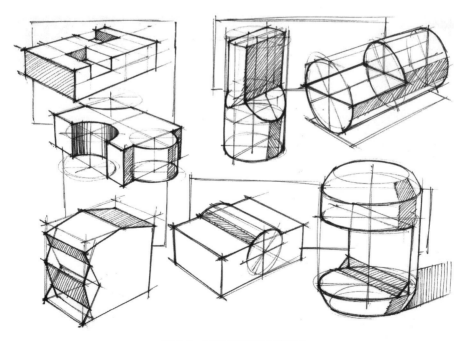

图3-3　减法造型综合练习2

（1）切割

切割多是指以某种形状的面对体进行分割并去除多余的部分，从而形成新的造型。以图3-4中的净水器产品为例，即是在长方体的整体造型下（蓝色线框区域），用一个折面切割了前面下侧的部分方体（红色区域）而形成的新造型，从而制造出了一块可以放置水杯的功能区域。在绘制时，我们需要先画出整体造型的长方体（图3-5），再将需要切割的部分画出并移除（图3-6），最后补全剩下的产品轮廓并丰富细节即可（图3-7）。

图3-4　产品造型中的切割变化1

  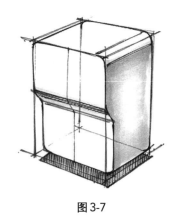

图3-5　　　　　　　　　　图3-6　　　　　　　　　　图3-7

以图3-8中的产品为例，图示切割造型的绘制方法（图3-9～图3-11）。

  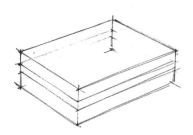

图3-8　产品造型中的切割变化2　　　　　　　　图3-9

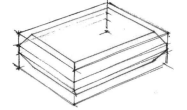 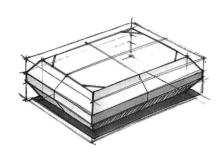

图3-10　　　　　　　　　　　　　　　图3-11

（2）挖槽

挖槽一般指用某种形态的体块对另一个体块进行剪除，在绘制时我们需要将主体和挖去的体块都画出来，同时要注意两者的位置关系，然后挖去不需要的部分，强化剩余形态的轮廓，完成挖槽造型。

例如图3-12中的面包机，在按钮处设计了一个长方体的凹槽，在造型时，先将面包机整体造型画出（图3-13）；然后在左侧面恰当的位置画出要挖去的长方体，注意长方体的透视关系应该和面包机主体保持一致（图3-14）；接着去除长方体，补全凹槽中剩下的形态；最后完善细节，完成绘制（图3-15）。

图3-12　产品造型中的挖槽变化1

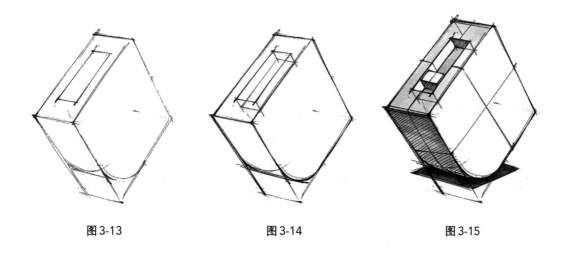

图3-13　　　　　　　　图3-14　　　　　　　　图3-15

以图3-16中的产品为例，图示挖槽造型的绘制方法（图3-17～图3-19）。

图3-16　产品造型中的挖槽变化2

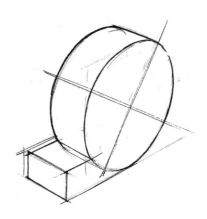

图3-17

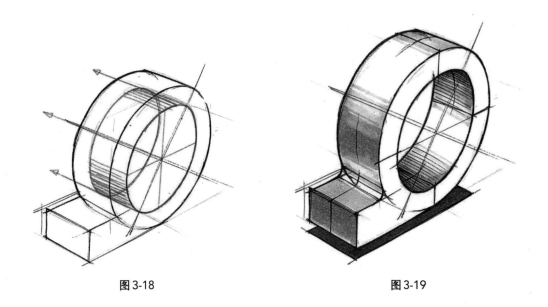

图 3-18   图 3-19

3.1.2　加法造型

加法造型即是指将不同基础形态的体块通过某种规律接合在一起从而形成新造型的方法，绘制加法造型的核心在于先找出两个物体的接合位置，然后以统一的透视关系相接（图 3-20）。

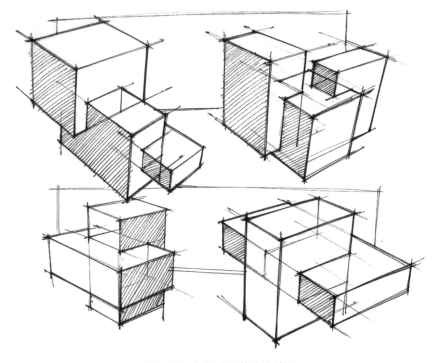

图 3-20　加法造型的综合练习

以图3-21中的投影仪为例，从图片可以看出投影仪由一个长方体和一个圆柱体组合而成，属于加法造型。在绘制时我们可以以长方体为起点，先确定整体的透视关系（图3-22）；然后找出圆柱体和长方体的接合位置，从图上看，圆柱体应处于长方体左侧面偏右的位置，圆柱截面比长方体厚度略高，且圆柱体中轴线应在长方体中点水平截面上，根据这些条件画出尺

图3-21　产品造型中的加法变化

寸、位置恰当的圆柱体（图3-23）；接着找到两者相结合处的分界线，这一点很重要，这些线条可以更好地表现两个物体的组合关系和相互位置（图3-24）；最后完善细节，完成绘制（图3-25）。

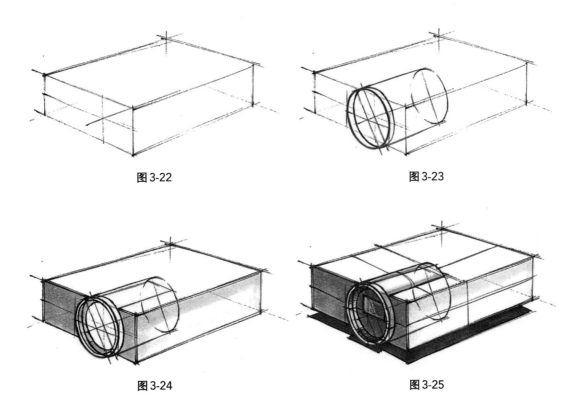

图3-22　　　　　　　　　　　　　　　　图3-23

图3-24　　　　　　　　　　　　　　　　图3-25

很多时候，为了实现产品造型的多样性，在设计时，会综合运用减法造型和加法造型的方法，我们在绘制的时候可以先从较大的体块开始，逐一分析体块之间的关系，确定透视趋势，这样就能以不变应万变，画出更为复杂的产品造型。

例如图3-26中的厨房用品，从加法造型上来说，它是由一个较薄的长方体和一个球体组合而成的；从减法造型上来说，上部分的长方体是经过左右两侧的切割和中间位置的挖槽之后形成的造型。在画的时候我们可以先做加法造型，找准不同体块的空间位置关系和透视关系，再逐步进行切割、挖槽等减法造型（图3-27～图3-29）。

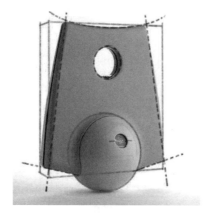

图 3-26 减法造型和加法造型的综合运用

图 3-27

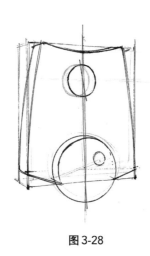

图 3-28

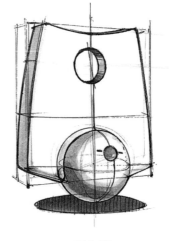

图 3-29

3.1.3 圆角造型

为了让产品造型看起来更加柔和、富有亲和力，绝大多数方体产品都会将转折处设计成圆角造型。本质上来说圆角属于减法造型的一种，但由于圆角极为常见且特点统一，绘制起来又极易出错，因此我们在本小节进行详细讲解。根据圆角的复杂程度，我们将其分为单向圆角和复合圆角两种。

（1）单向圆角

单向圆角简单来说就是只在方体某一个透视方向的边上倒圆角。例如在一个立方体垂直方向的边上进行倒角，从平面上我们可以将其看作是正方形和分割成四份的圆形进行的组合（图 3-30）。

在立体透视中，我们可以将圆角看作是圆柱的四分之一来画，这样一来，各个位置的透视关系就不容易出错了（图 3-31、图 3-32）。

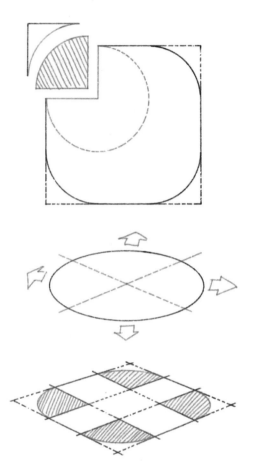

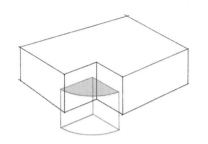

图3-31　立体透视中单向圆角的原理示意1

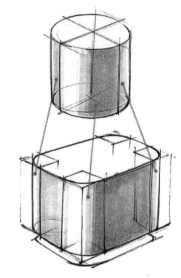

图3-30　平面中单向圆角的原理示意

图3-32　立体透视中单向圆角的原理示意2

　　根据这个方法，我们也可以确定不同位置圆角的明暗关系该如何表现，如图3-33～图3-36。

图3-33　产品造型中单向圆角的运用

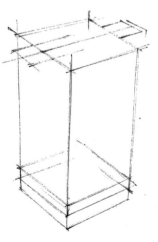

图3-34

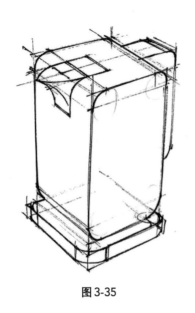

图 3-35

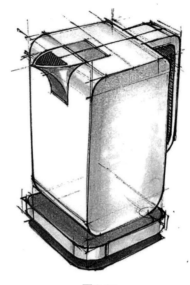

图 3-36

（2）复合圆角

复合圆角是指在与方体某一顶点相邻的所有透视方向的边上倒圆角，最常见的复合圆角产品就是游戏中使用的骰子，为了方便滚动，前人将其所有边长都进行了复合圆角处理。根据倒角幅度的不同，复合圆角又分为等距复合圆角和不等距复合圆角两种。

① 等距复合圆角。所有倒圆角的大小一致，如骰子，可以制造统一的视觉感受，让产品造型更加圆润、有秩序感（图3-37、图3-38）。

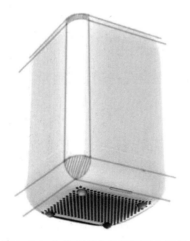

图3-37　产品造型中的等距复合圆角

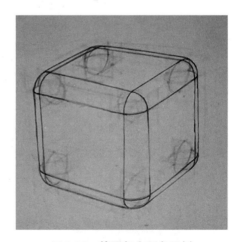

图3-38　等距复合圆角示例

从图3-39中我们可以看出，等距复合圆角在原本方体的顶点处重新生成了一个曲面，根据数学原理我们可以判断，这个曲面是八分之一的球体（图3-40），而这个与顶点曲面相邻的曲面则可以用单向圆角的方式来绘制（图3-41）。

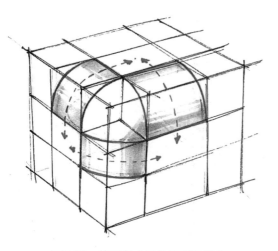

图3-39 等距复合圆角原理示意1

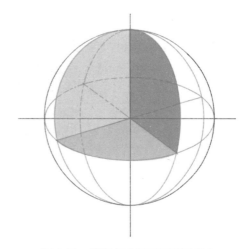

图3-40 等距复合圆角原理示意2

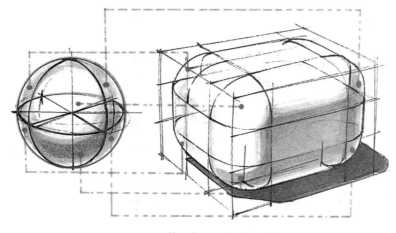

图3-41 等距复合圆角绘制方法

不等距复合圆角

② **不等距复合圆角。** 倒圆角的大小不同，可以看作是在单向圆角的基础上在边缘再次进行倒角，这是一种常见的工艺处理方法，能降低产品边缘的锋利度，增加造型视觉层次和使用时的触觉层次（图3-42）。

了解了圆角的原理后，我们在绘制不等距复合圆角时，就可以运用一些简便的方法了。首先运用单向圆角的方法画出复合圆角中较大的圆角（图3-43）；然后沿着单向圆角的轨道找出直边和圆角曲线接合的关键点，并根据复合圆角中较小的圆角尺寸画出参考线（图3-44）；接着根据参考线画出关键位置处的倒角截面（四分之一的椭圆），这时要注意截面的透视以及截面的尺寸要

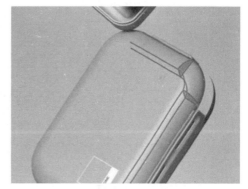

图3-42 产品造型中的不等距复合圆角

一致（图3-45）；最后连接各个截面的顶点及外轮廓线，完成绘制（图3-46）。

需要注意的是，这种方法会让物体高度变高，因此我们在起形时需要预先留出倒角的余量，以保证产品拥有合适的长宽比例。

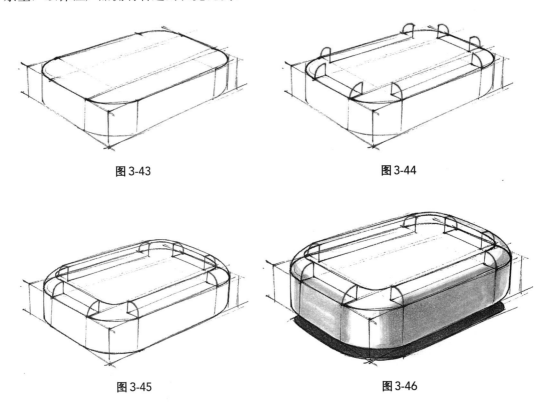

图 3-43　　　　　　　　　　　　　　　图 3-44

图 3-45　　　　　　　　　　　　　　　图 3-46

（3）圆柱体圆角

圆柱体的圆角看似复杂，其实画起来比方体要简单，我们只需要以中轴线为基准，在截面椭圆上方恰当的位置处画一个较小的椭圆，然后画一条与两个椭圆都相切的弧线作为轮廓线即可，但要注意两个截面椭圆的透视关系要统一（图3-47～图3-49）。

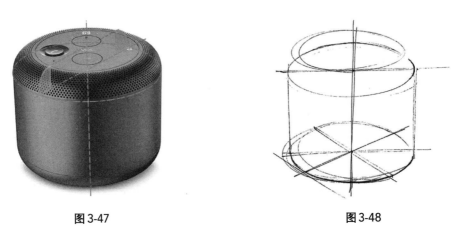

图 3-47　　　　　　　　　　　　　　　图 3-48

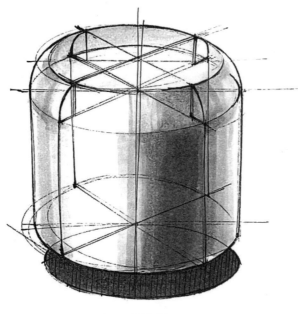

图 3-49

圆角的综合练习如图 3-50、图 3-51 所示。

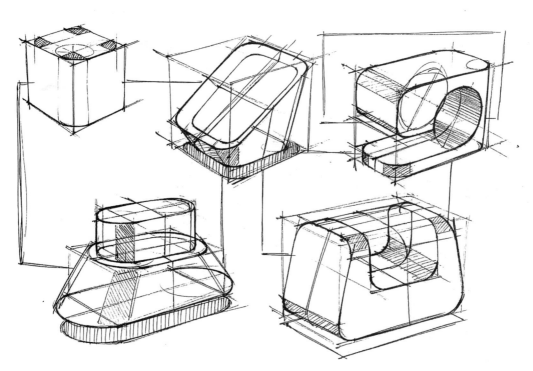

图 3-50　单向圆角的综合练习

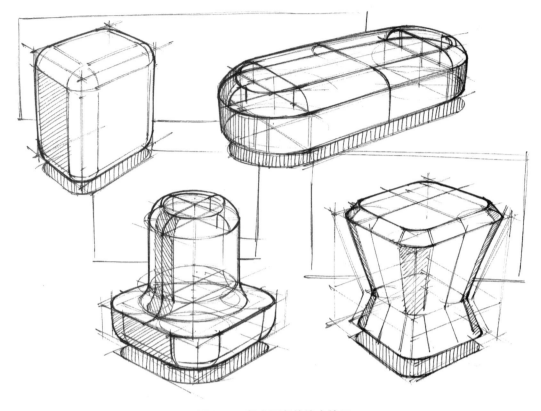

图3-51　复合圆角的综合练习

3.1.4　旋转造型

有时我们会遇到相对比较复杂的柱体造型，如果用方中求圆的方式去画不仅费时费力，还容易出现透视错误，这时就可以采用旋转造型的方法，简单来说就是先画出产品的剖面，再沿着中心轴旋转一圈得到完整的造型形态（图3-52）。

图3-52　产品造型中的旋转造型

以水壶为例（图3-53），在画的时候我们首先需要确立一条中轴线，如果是垂直圆柱，则中轴线垂直于水平线；如果是水平圆柱，则中轴线朝向消失点。然后画出产品剖面图的一半，或者仅仅找出几个关键点的位置即可。接着将剖面图轮廓（关键点）沿着中心轴进行旋转造型，即画出截面椭圆的旋转轨迹，注意椭圆的透视关系（图3-54）。最后画出外轮廓线（相切于各个椭圆截面）（图3-55），并完善细节（图3-56）。

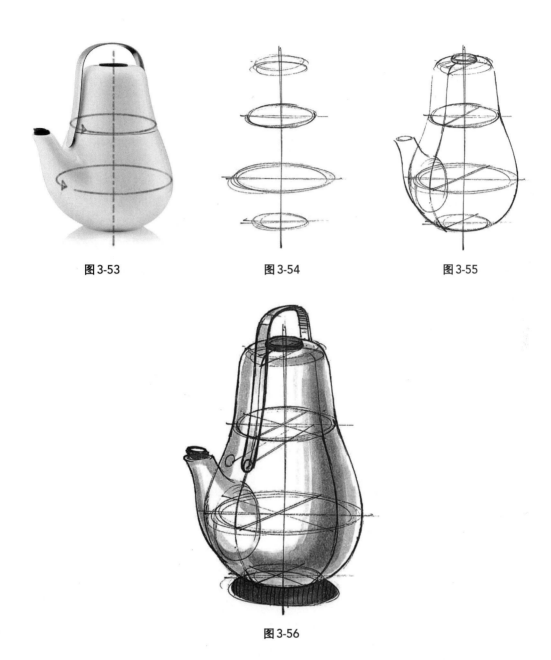

图 3-53   图 3-54   图 3-55

图 3-56

3.2 截面与走势线

在设计表现中，有时可能会遇到一些造型较为复杂的产品，如图 3-57，虽然用加减法造型勉强可以画出，但是也会消耗大量的时间、精力。这时，可以采用从截面开始的造型方法来绘制，在这之前我们需要先了解什么是截面。截面是指机体被截断后的形状图形，不同

图 3-57　复杂产品造型中的截面

的截断方向会产生不同的截面形状，其中横截面最为常见，也可作为造型基准面来绘制产品。

3.2.1　横截面

我们都知道面的移动构成体，可以说体是多个面的叠加，横截面既可以表现出物体的轮廓，也可以表现物体造型的过渡，如图3-58。

在临摹阶段，横截面有助于我们更好地分析产品的形态和结构；在设计构思阶段，横截面则可以帮助我们画出更加复杂的造型。练习时可以绘制不同物体的横截面，注意横截面的透视应该和物体的透视保持一致（图3-59～图3-64）。

图3-58　苹果的截面

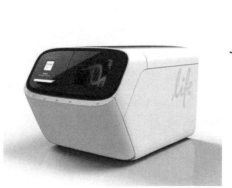

图3-59

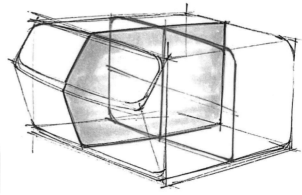

图3-60

图3-61

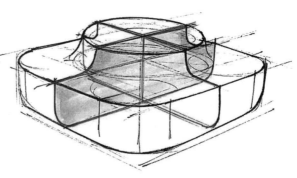

图3-62

图 3-63

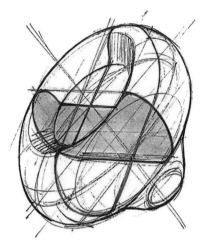

图 3-64

3.2.2 走势线

所谓走势线，指的是能表现产品表面起伏的线条，它其实是横截面轮廓的一部分。设计表现中走势线一般有两种功能：① 走势线可以表现物体表面的高低起伏，帮助我们判断物体各部件之间的位置关系；② 走势线可以为我们的草图增加细节。

观察图 3-65 中的两个方体，它们之间的位置关系是什么样的？

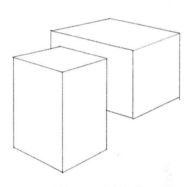

图 3-65 两个方体

可以看出，图 3-66 中的两个方体像是组合在一起的，而图 3-67 中的两个方体则像是分离开的。可见，同样的物体，画不同的走势线可以表现物体间不同的位置关系。在画走势线的时候要注意：

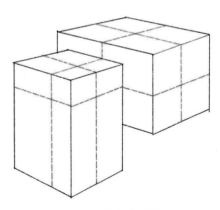

图 3-66 方体走势线样式 1

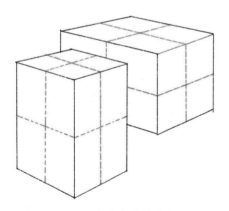

图 3-67 方体走势线样式 2

① 一般来说，走势线会画在物体各个面的中心位置，当然这不是绝对的，如果想要表现其他部位面的起伏的话，也可以大胆绘制。

② 走势线应该和物体的透视关系相统一。

以图3-68中的产品为例，图示走势线的绘制方法（图3-69～图3-71）。

图3-68

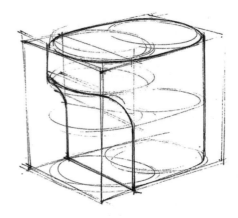

图3-69

图3-70

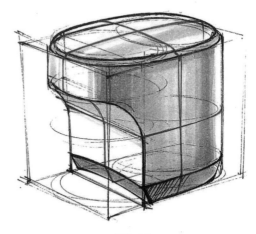

图3-71

图3-72　曲面产品中的走势线

走势线也经常被用来表现曲面的起伏，有些曲面产品从外轮廓很难看出起伏关系，这时就可以利用走势线来表现（图3-72）。在画的时候先想象物体截面的形状，并确定透视关系，再下笔绘制，尽可能用干练的线条画走势线，否则会适得其反，让画面变得脏乱（图3-73）。

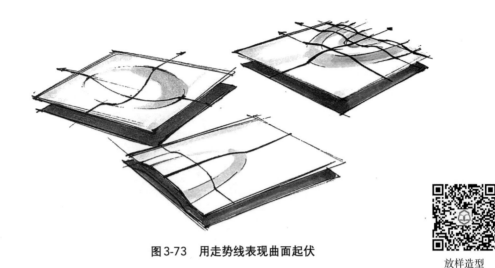

图3-73 用走势线表现曲面起伏

3.2.3 放样造型

利用横截面的原理，我们可以绘制以曲面为主的相对复杂的产品。主要方法类似动物模型玩具中"搭骨架"的方式，我们称之为"放样造型"。先根据要绘制的产品形状设定出横截面，再以横截面为基准画出不同位置的结构走势线，最后根据走势线画出产品最外侧的曲面（就像在骨架上蒙上一层皮肤那样）。

图3-74

以图3-74中的电熨斗为例，由于电熨斗有着复杂的曲面，我们用加减造型的方法都比较难处理，这时我们可以用放样造型的方法进行绘制。

① 建立透视辅助场景，并画出电熨斗的底面形状（图3-75）。

② 以底面为基准，画出电熨斗的剖面形状，由于电熨斗是一个左右对称的产品，因此剖面图可以参考侧视图形状，注意透视关系（图3-75）。

③ 在底面和剖面上标出几个关键点，并画出这些位置处的横截面（搭骨架）（图3-76）。

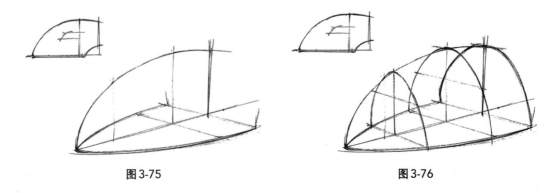

图3-75   **图3-76**

④ 连接横截面的切线，画出产品的外轮廓（图3-77）。

⑤ 丰富细节，完成绘制（图3-78）。

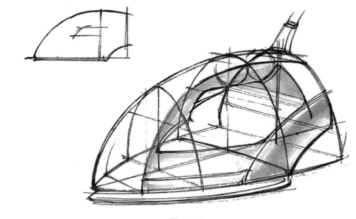

图3-77

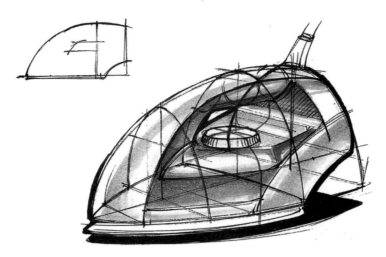

图3-78

以图3-79中的鼠标为例，图示放样造型的绘制方法（图3-80～图3-83）。

图3-79

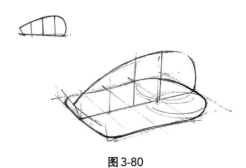

图3-80

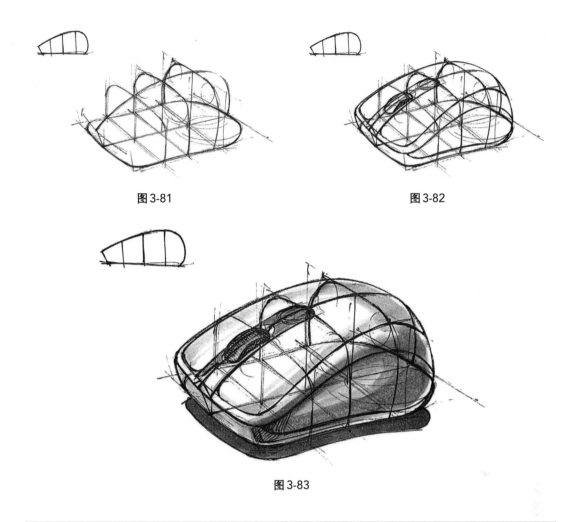

图 3-81　　　　　　　　　　　　　　　　图 3-82

图 3-83

思考

如果遇到图3-84这样没有平整底面作基准面的造型，应该怎么运用放样造型法绘制呢？（提示——绘制时可以人为制造基准面。）

3.3　复杂造型的简化

工业产品的造型多种多样，有时我们会遇到十分复杂的造型设计，它可能有复杂的曲面，也可能由多个部

图 3-84　没有平整底面的产品造型

件结合而成，我们需要考虑如何从容、准确、快速地把它们画出来，这里为大家提供一个较为常见的方法，那就是将复杂造型进行简化。

当我们想要绘制一件复杂的产品时，可以先对这个产品结构进行分析：它分为几个部分？每个部分是什么形状的？是如何连接在一起的？必要时可以画一些草图进行参考。

通过分析，我们可以把不同位置的部件分离，并简化为简单的几何体，这样能够方便我们厘清各部分之间的位置和结构关系，也方便我们准确把握透视关系。

当然，造型的简化不是最终目标，在画出简化形态之后，还需要将其还原为最初的复杂形态，但有了简化造型的基础，在还原细节时就会容易很多了。

比如图3-85中的空气炸锅，虽然看似复杂，但通过分析我们可以看出它其实由两个部分构成，主体可以简化为一个长方体，把手则是一个切面的方体。将简化后的造型画出来后，找准位置关系和透视关系，再运用加减法、倒角等方法进行细化（图3-86～图3-88）。

在简化的阶段，可以选择用铅笔等能擦除的笔来绘制，待细化完善后，擦去辅助线条，使画面更加干净。

图3-85　空气炸锅造型的简化分析

图3-86

图3-87

图3-88

需要注意的是，有时简化后的形态和原本的造型可能会在轮廓位置上略有差别（比如倒角后整体宽度会变窄等），我们可以在绘制的过程中进行修正，所谓的简化造型只是供我们参考使用的，不必拘泥于此。

通过分析可以看到相机（图3-89）主要分为两个部分，镜头大体上是一个水平放置的圆柱，而机身部分则是在方体的基础上通过切割得到的，在绘制的时候注意两部分的透视关系要保持统一。

一般来说，我们会从圆柱造型开始画，因为圆柱的视角比较容易受到影响，先确定圆柱的位置和透视，再根据圆柱确定方体的大小和位置，这样一来画面比较容易控制（图3-90～图3-92）。

图3-89　数码相机造型的简化分析

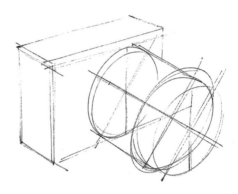

图3-90

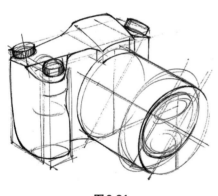

图3-91

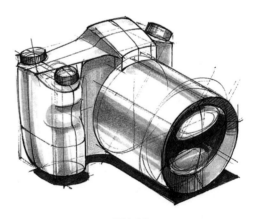

图3-92

简化造型后，我们需要运用各种造型方法进行细节的还原，例如图3-93中的吸尘器，大体上可以简化为方体和若干圆柱的组合，中间的主体在后期则可以运用放样造型的方法进行深入绘制（图3-94～图3-96）。

图3-93　吸尘器造型的简化分析

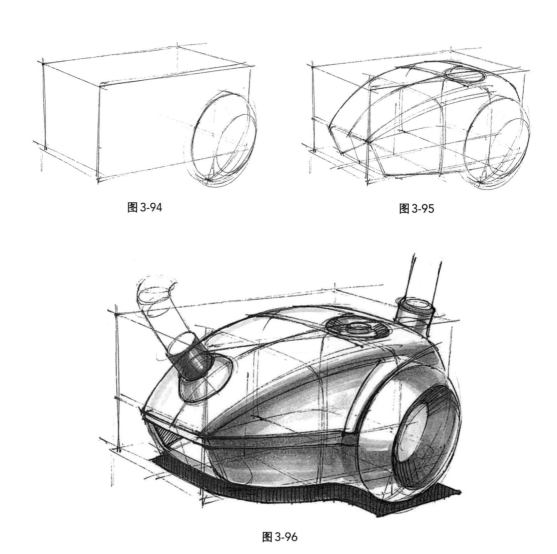

图 3-94   图 3-95

图 3-96

以图 3-97 中的产品为例，图示运用简化分析法绘制产品造型的过程（图 3-98 ～图 3-100）。

图 3-97

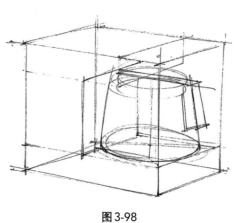

图 3-98

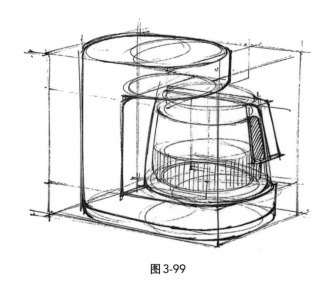

图 3-99

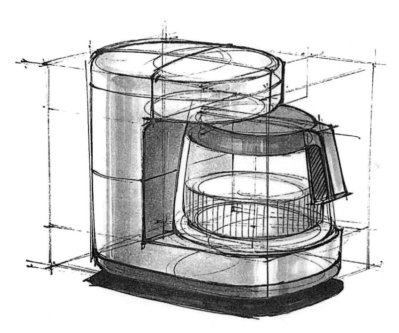

图 3-100

3.4 视角

在设计表现中，每一张图、每一个产品造型，对于产品设计来说都是至关重要的，设计师应尽可能地在每张图上都展示出产品设计的重要信息，包括尺寸、比例、曲线等，以便于在不同设计阶段进行探讨，因此在绘制设计草图时，除了线条准确、透视合理之外，还应该考虑产品的展示视角（图3-101）。

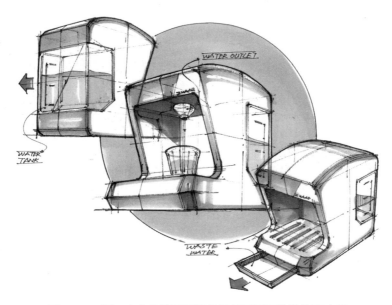

图 3-101　同一个产品的不同视角展示了不同的结构和功能

3.4.1　视角的选择

在绘制产品时，由于是在二维平面上表现三维形态，因此我们每次都只能画出产品的某一个角度，那么在绘制之前，我们需要先选择想要表现的产品视角，也就是根据产品的造型和大小比例来模拟人们真实看到的产品的样子，其中应遵循一个原则，那就是尽量选择富有表现力的视角。

思考

图 3-102 中哪个视角更富有表现力？

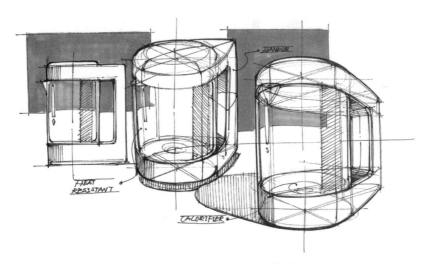

图 3-102　同一产品不同视角的草图

一般来说，视角发挥着三方面的作用。

（1）展示更多的产品信息

由于我们每次都只能绘制产品的某一个视角，因此为了展示更多的产品信息，比如不同面上的结构造型，我们需要选择合适的视角。例如图3-103中的游戏机，由于采用翻盖的设计，如果想要表现出内部的屏幕和按钮，就需要画出翻开时的视角。图3-104中，① 号视角虽然是翻开的样子，但是屏幕的视角被压

图3-103　游戏机

缩成了一条线，观看者无法看到屏幕的细节展示；② 号视角虽然展示了屏幕，但右侧面被压缩得太窄，右侧面的充电口很难展示清楚；③ 号视角大部分面都展示到了，但是屏幕和主机正好呈90°夹角，显得过于呆板；④ 号视角则是展示了翻盖的背面细节，可以根据展示需要来表现；⑤ 号视角展示了屏幕和充电口，但按键的面却被压缩成了一条线，难以看到细节。

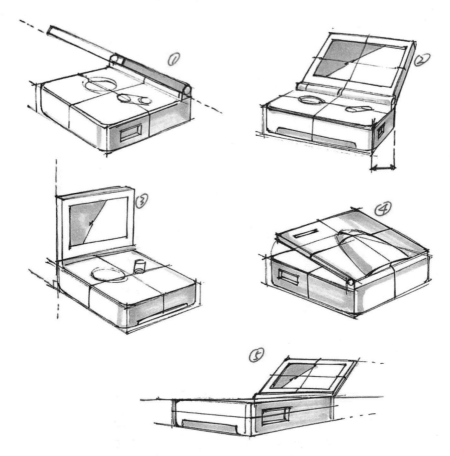

图3-104　用不同视角表现的游戏机

（2）展示产品的大小尺度

作为设计师，我们会遇到许多不同种类的产品，这些产品大小尺寸各不相同，带给人们的观感体验也不相同，想要表现出不同的产品大小比例，我们需要站在观看者的角度来想象并绘制，一般来说，体积较大的产品视觉上透视畸变会更加显著，而体积较小的产品则反之。

思考

图3-105中两辆同样造型的汽车，哪一辆像真实的，哪一辆像玩具车？为什么？

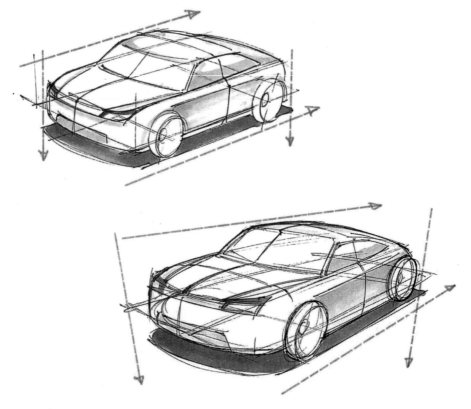

图3-105　用不同视角表现的汽车

（3）增强产品的视觉感受

有些设计师在设计产品时，会表现出产品的一些特殊视角，来增强产品的视觉冲击力，比如图3-106中的电脑机箱，虽然我们知道电脑机箱的尺寸不是很大，正常情况下无需用太过夸张的透视效果来表现，如图3-107，但设计师为了展现自己的设计意图，用一种略带仰视且稍有透视畸变的视角营造出了一个霸气十足的电脑机箱（图3-108～图3-110）。

图 3-106 仰视视角的电脑机箱

图 3-107 常规视角下的电脑机箱

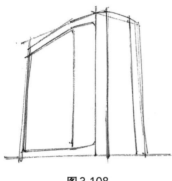

图 3-108

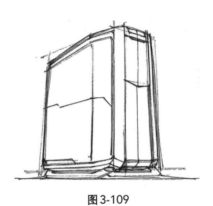

图 3-109

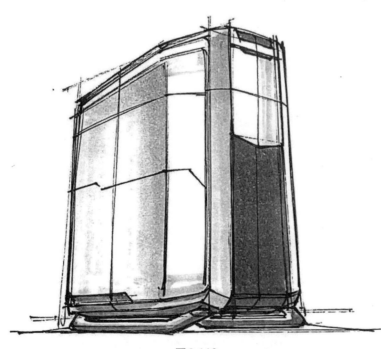

图 3-110

3.4.2　产品侧视图

有一些产品，比如球鞋、手持类工具、部分家居产品等，用侧视图反而更容易表现出产品造型的设计意图和整体外观，这时就可以采用侧视图作为主要视图来进行设计表现（图3-111）。

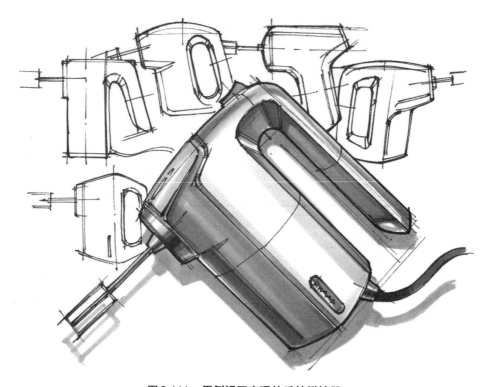

图3-111　用侧视图表现的手持搅拌器

虽然侧视图只展示了产品的一个侧面，但也需要画出立体感，这就需要我们观察并分析不同部位的明暗关系（图3-112～图3-114）。

图3-112　一款手持工具的侧视图

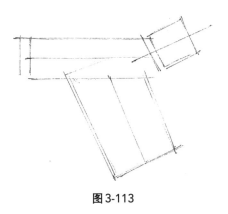

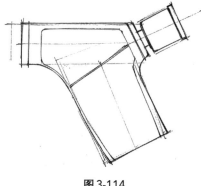

图 3-113   图 3-114

对于侧视图来说，投影可以画在产品的后侧，就像映在墙壁上的影子一般，这样有助于凸显产品的立体感，如图 3-115。

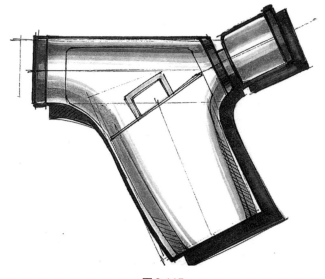

图 3-115

圆的视角变化

3.4.3 圆的视角变化

在绘制圆柱类产品时，有时会遇到圆柱体与方体结合的情况，比如图 3-116 中小盆子的把手，尽管圆柱本身可以无方向性，但与之接合的其他部件仍需要统一方向和透视关系。因此在画圆柱类产品时，我们要学会找出圆柱合适的透视关系，这种方法与方中求圆法相反，称为"圆外求方"法。

图 3-116 圆柱类产品的视角变化

首先画出截面椭圆的圆心O（由于缩短效应影响，这个圆心并非椭圆形状本身的圆心，而是应该稍稍偏后一点）（图3-117）；然后确定把手或其他部件的起始位置，并在椭圆上标记为A点，连接AO并延长，这就是向右的透视线方向（图3-118）；接着画出过A点的椭圆的切线，这是向左侧的透视线方向，同时根据向左侧的透视趋势画出过圆心O的线段CD，最后画出过C、D两点的椭圆的切线（应该和直线AB同时符合向右的透视趋势），至此，我们完成了圆外求方的绘制过程（图3-119）。

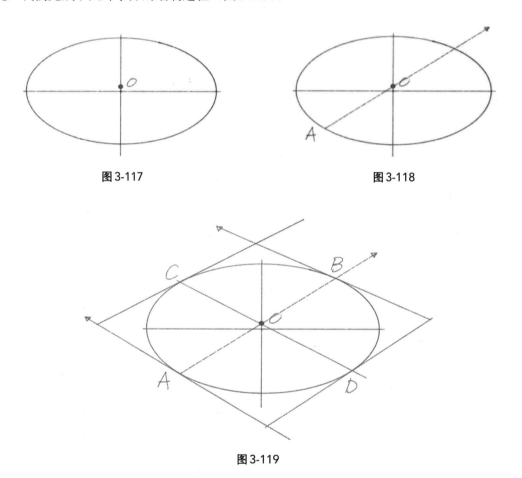

图3-117　　　　　　　　　　　　　　　　　　　图3-118

图3-119

运用这个方法，我们可以轻易地找出合理的透视关系，从而选择更好的视角来表现圆柱类产品，一般来说，尽量不要用一点透视来画圆柱类产品，那样会显得过于呆板，且表达的信息量与侧视图基本无异却会耗费更多的时间。我们可以选择角度更大的透视来表现。

正如图3-120中的咖啡壶，图中①运用了一点透视的方法来绘制，可以看到整个视角略显呆板；图中②虽然运用了两点透视，但顶面椭圆画得过窄，以至于很难画出准确的切线和透视线，且顶面信息表达不足；图中③顶面展示过多，而侧面则被过度压缩，以至于壶内的结构细节难以展示；相比之下，图中④的视角更富有表现力。

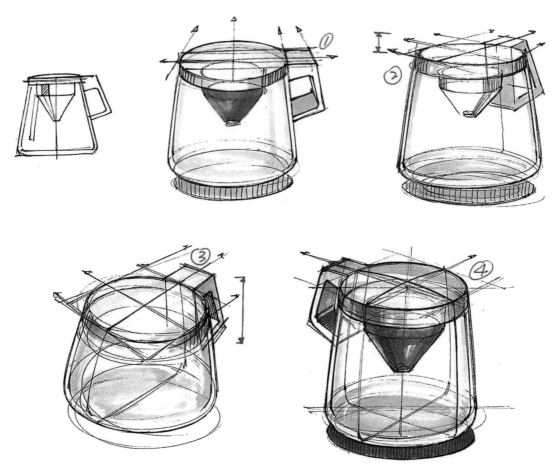

图3-120 不同视角表现的咖啡壶

3.4.4 俯视与仰视

前面绘制的大部分产品使用的都是俯视视角，即产品处于视平线以下的视角，这是因为：① 大部分产品的体积较小，在观察它们时人们大多是从上往下看，形成俯视视角；② 俯视的视角可以展示产品更多的面，也就意味着展示更多的产品信息。但是对于一些大型的工业产品或者是室内场景中的产品来说，俯视就显得不够真实了，因为人们的视线高度是有限的，受身高限制我们很难以很高的角度来观察这些产品，这时，设计师为了营造更加逼真的视觉感受，就需要运用另外一种视角来绘制这些产品，那就是仰视。

简单来说，仰视即产品或者产品的一部分处于视平线以上，这里会有两种情况，一种是产品完全处于视平线以上的，比如一些灯具、壁挂式产品或者飞行器等，为了更符合人们的观察角度，我们可以绘制仰视的视角（图3-121 ～图3-123）。

图 3-121　仰视视角的飞行器　　　　图 3-122　仰视视角的路灯　　　　图 3-123　仰视视角的钟表

　　在绘制仰视视角时，我们应注意透视关系的变化，例如圆柱类产品的仰视视角，根据透视原理可知底面离视平线较近，截面椭圆较扁，顶面离视平线较远，截面椭圆较圆（图 3-124 ～图 3-127）。

图 3-124　仰视视角的产品　　　　　　　　　　图 3-125

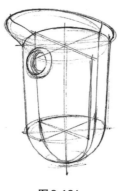

图 3-126　　　　　　　　　　　　　　　图 3-127

　　还有一种仰视视角是产品的一部分处于视平线以上，比如电冰箱这类大型家电，也有一些产品虽然体积没有那么庞大，但在使用者的角度看，仍会有一部分处于视平线以上，比如电视机、台灯等，都可以选择用仰视来表现（图 3-128）。

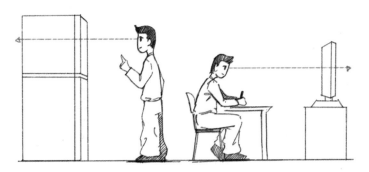

图3-128　视平线对视角的影响

要注意的是，这种仰视视角不适合用三点透视表现，因为在三点透视中，视平线以上消失于天点，视平线以下消失于地点，会发生透视矛盾，如图3-129。

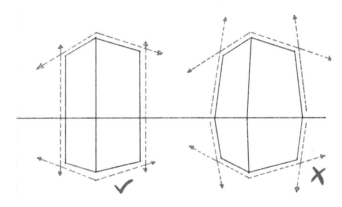

图3-129　不同透视表现的仰视视角

比如图3-130中的ATM机，由于上下两个面的透视方向不一样，在绘制时我们需要画出一条视平线以供参考，这样我们在绘制机身上任何地方的部件时，透视方向都不易出错（图3-131～图3-133）。

图3-130

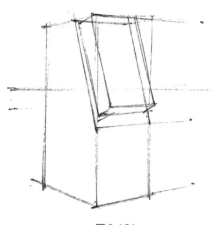

图3-131

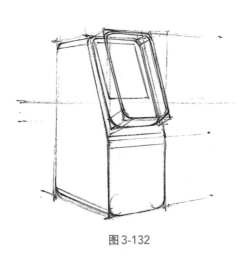

图 3-132

图 3-133

以两款不同的产品为例，图示视平线及产品透视图的绘制过程（图3-134～图3-140）。

图 3-134

图 3-135

图 3-136

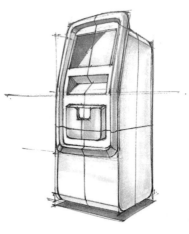

图 3-137

图 3-138

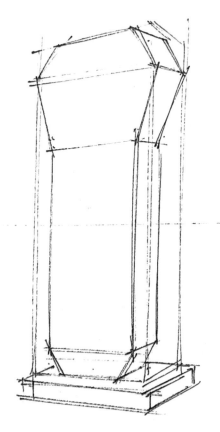

图 3-139

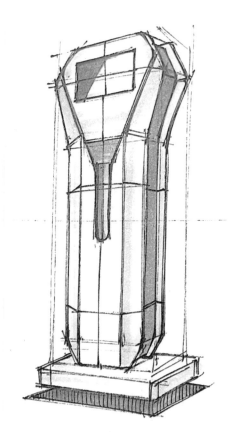

图 3-140

图3-141为不同视角下ATM机的设计表现。

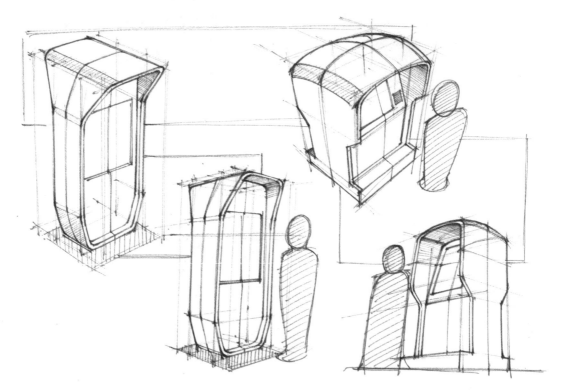

图3-141　不同视角下ATM机的设计表现

第 4 章

色彩与材质
的表现

在产品设计中，除了造型和结构的考量外，色彩和材质的运用也是非常重要的一环。在设计表现阶段，合适的材质运用和出色的色彩搭配可以更加完整地展示设计方案，使方案看起来更加生动逼真。

本章节将分析几类常见材质的特点并讲解其表现技法，比如如何处理金属材质的反光，如何表现出透明材质的通透感，如何绘制出真实的木纹效果等。最后根据色彩原理讲解产品色彩搭配的方法。

4.1 色彩原理

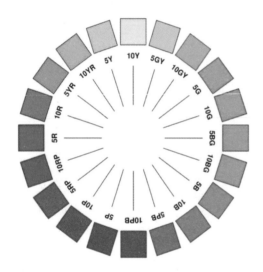

图4-1　芒塞尔色环

第2章中已经学习了如何运用光影变化来体现物体的立体感，那么接下来，就要加入色彩的变化，以表现更加逼真的产品效果。

在此之前，需要先了解色彩基本原理，根据芒塞尔色彩理论（图4-1），色彩具有三种属性，分别是色相、纯度（饱和度）和明度（图4-2）。

① 色相。指色彩的相貌，也可以理解为色彩的名称（在物理学中认为光进入介质中产生不同的波长使光呈现出不同的颜色）。

② 纯度（饱和度）。表示色彩的鲜艳或浑浊程度。

③ 明度。表示色彩的明暗程度。

在绘制产品时，为了使其看起来更加逼真，我们可以通过分析光线对产品表面的影响，将产品不同区域的色彩表现进行区分，比如图4-3中的方体产品造型，它的固有色为

图4-2　色彩的三种属性

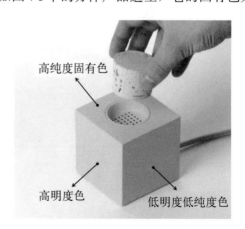

图4-3　光线对色彩表现的影响

黄色，根据光源对其的影响，左侧面亮部由于受到光源直接照射，呈现出高明度的黄色；顶面灰部受到光源照射的角度较小，呈现出高纯度的黄色（最接近固有色）；右侧面暗部由于没有被光源直接照射，加之环境对其的影响，呈现出低明度、低纯度的黄色。

当绘制圆柱（圆球）造型的产品时，色彩的变化也是类似的，即亮部呈现高明度色彩，灰部呈现高纯度色彩，暗部呈现低明度、低纯度色彩，只不过圆柱（圆球）曲面上多出高光和反光两个区域，高光部位由于受光线直射，亮度很高，可以用直接留白的方式或用白色彩铅进行绘制，反光部位由于环境光线的反射会变得比暗部亮一些，但色彩纯度依然不高，呈现低纯度、稍高明度的色彩（图4-4）。

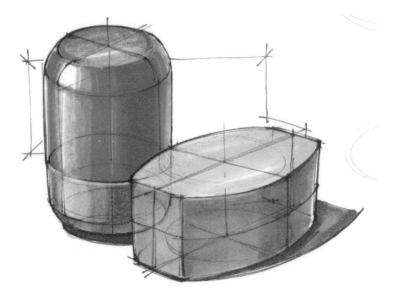

图4-4 不同造型的色彩表现

根据以上的色彩原理，我们在绘制单一固有色的产品时可以选择相同色相、不同明度和纯度的马克笔，来表现不同明暗部位的颜色，例如使用高明度颜色表现亮部，高纯度颜色表现灰部，低明度、低纯度颜色表现暗部（图4-5）。

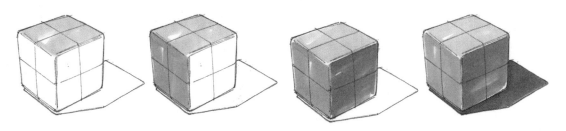

图4-5 立方体的上色过程

当无法找到足够数量的马克笔来表现不同部位的色彩变化时，可以采用以下方法进行绘制：

运用留白的方式绘制亮部（或用白色彩铅提亮亮部），然后直接用纯色马克笔绘制灰部和暗部，最后用灰色马克笔对暗部进行加重（也可以用打斜线的方式加深暗部颜色）（图4-6）。

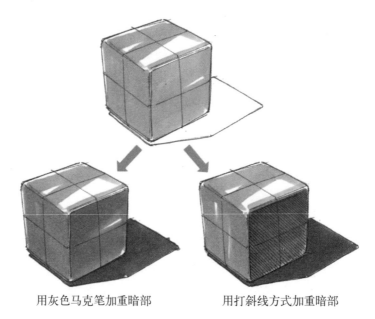

用灰色马克笔加重暗部　　　　　用打斜线方式加重暗部

图4-6　两种加重暗部的方法

4.2　材质表现

4.2.1　哑光与亮面的表现

哑光与亮面
的表现

不同材质的色彩表现，往往与其光线反射程度有关，而光线的反射程度又与材质表面的粗糙程度有关。通常来说，表面粗糙的哑光材质光线反射效果比较弱，色彩呈现出柔和、均匀的视觉感受，且不同部位之间会因为结构遮挡而产生投影，如硅胶、哑光塑料、水泥等材质（图4-7）。而亮面材质由于表面较为光滑，光线的反射效果较强，甚至会反映出外界环境中的其他物体，因此色彩变化较多，明暗对比较为强烈，但一般不会因为不同部位之间的遮挡产生投影，如金属、亮面塑料、亮面漆面等材质（图4-8）。

可以说，任何材质的绘制方法都建立在哑光或者亮面材质表现的基础之上，比如绘制木材我们会以哑光材质画法为基础，而绘制金属材质我们就需要以亮面材质画法为基础，因此在绘制各类特殊材质之前，需要先了解哑光与亮面材质的绘制方法（图4-9 ～图4-16）。

图4-7　哑光材质的产品

图4-8　亮面材质的产品

图4-9

图4-10

图4-11

图4-12　圆柱造型哑光和亮面的表现

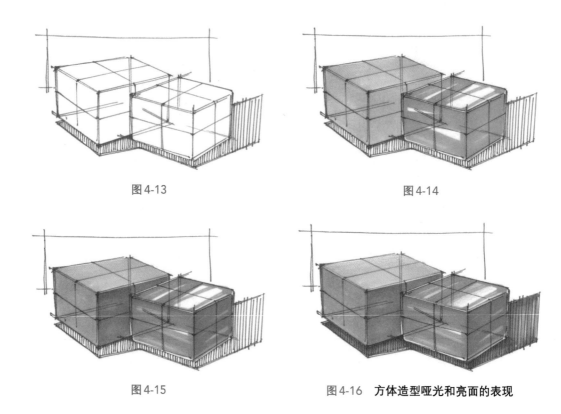

图 4-13

图 4-14

图 4-15

图 4-16　方体造型哑光和亮面的表现

① 哑光材质的画法。亮部可以在绘制高明度固有色的基础上，利用白色彩铅均匀提亮，营造柔和的光线反射效果，也可以不做特别处理；灰部和暗部运用不同明度和纯度的颜色进行均匀铺画，注意色彩的统一。

② 亮面材质的画法。在亮面材质上，光线的反射效果较为强烈，因此物体的受光面往往会反映出光源的形状（如灯光、阳光等），且亮度很高，这一部分可以用画"Z"字的方式进行绘制，用留白来表现光源反射的效果；灰部和暗部则会因为环境的影响而产生不均匀的色彩深浅变化，可以在正常色彩绘制的基础上用更低明度的颜色或灰色增加深浅变化，但要注意保持明暗度的统一，不要画得太"花"；靠近暗部边缘的部位，不要画得太"死"，保留一些浅色的反光效果可以增添亮面材质表现的"透气感"。

4.2.2　金属材质的表现

金属材质是产品设计中非常常见的材质之一，给人以坚实、稳定、冰冷、光滑的感觉（图 4-17、图 4-18）。大多数金属材质具有光泽感，对光线会有强烈的反射，因此在金属材质上经常会看到深浅不同的色块，这些色块其实是对环境中物体的反射（图 4-19）。

图 4-17　金属材质的产品案例1

金属材质的表现

图4-18　金属材质的产品案例2

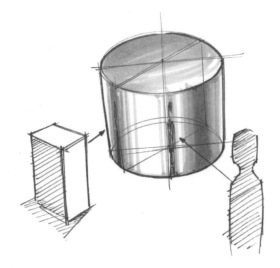

图4-19　金属表面对环境物体的反射

在色彩的运用上，可以根据不同的金属光泽选择不同颜色的马克笔，比如用冷灰色表现不锈钢等金属，用黄、棕色系表现金、黄铜等有色金属（图4-20）。

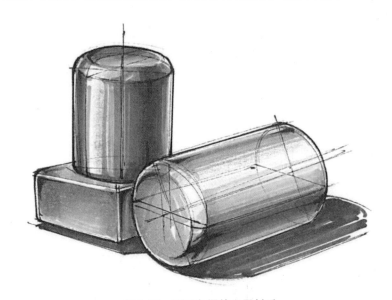

图4-20　不同色泽的金属材质

了解了金属材质的特性后，可以用亮面材质的画法作为基础来进行绘制，以不锈钢咖啡壶为例，在线稿的基础上，首先用浅灰色绘制咖啡壶灰部和暗部区域，注意留出亮部和反光；然后用深灰色对暗部进行加重，营造立体效果，深、浅灰色的对比可以相对明显一些；最后根据金属材质的强反光特性，在灰部增加一些重色块区域，以表现环境中物体对金属光泽的影响（图4-21～图4-24）。

当然，也可以根据设计需要来模拟不同光泽度的金属材质。

图 4-21

图 4-22

图 4-23

图 4-24　不锈钢咖啡壶的画法

在绘制时要注意，重色块不要加得太多太乱，避免画得太"花"，影响立体感的表现（图 4-25）。

有时，也可以在金属材质亮部加入一抹淡蓝色（可以用彩铅或色粉绘制）（图 4-26），以模拟天空颜色对金属光泽的影响，从而让画面看起来更加真实。

图 4-25　避免将金属材质画得太"花"

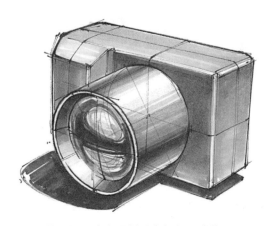

图 4-26　在金属材质亮部加入淡蓝色

4.2.3 透明材质的表现

常见的透明材质有玻璃、亚克力等，它们被大量运用于产品设计中，透明材质的通透性可以帮助用户观察产品内部情况，比如盛放的液体容量或是精密的内部细节（图4-27）。

透明材质的表现

图4-27　一组透明的玻璃杯

在绘制前，需要先了解透明材质的特性。透明材质虽然通透，但或多或少会对光线产生一定的影响，因此在绘制透明材质后方的物体或背景时，需要采用高亮度、低纯度的色彩来体现透明材质对光线的影响（图4-28）。

同时，在透明材质边缘的地方，光线会产生折射的效果，从而使透明材质边缘附近的物体或背景产生形变（图4-29）。

图4-28　玻璃杯中水果颜色要比其本身颜色更浅

图4-29　透明水杯后侧的手产生形变

观察图4-30中的玻璃杯，我们可以发现在玻璃杯壁和杯底会出现白色的反光和黑色的斑点，模拟这种反光的特点可以画出更加逼真的透明材质效果（图4-31）。如果玻璃杯中有液体，那么液体的整体颜色也会因为受到玻璃反光的影响而变得较浅，同时要注意强化液体平面和液体其他部位颜色的深浅对比，从而营造出更加立体的效果（图4-32）。

图4-30　玻璃杯壁和杯底的反光和黑色斑点

图4-31　反光的玻璃杯

图4-32　盛有液体的玻璃杯

具体画法：

以玻璃容器为例，首先用针管笔画出产品的轮廓，注意由于材质的通透性，我们需要把产品内部结构细节一并画出（图4-33）；然后根据光源位置确定明暗部区域，因为透明材质在明暗效果的表现上并不明显，因此我们只需要用浅色马克笔简要画出即可（图4-34）；接着强化玻璃容器厚度的轮廓，以突出玻璃的反光效果，并用黑色线条模拟因反光而产生的斑点（图4-35）；最后画出背景，注意容器后方背景颜色和形状的变化，并用高光笔画出容器表面的高光（图4-36）；透明材质的投影往往只需要刻画产品造型轮廓的形状，其他区域用浅色马克笔简要刻画即可。

图4-33

图4-34

图4-35

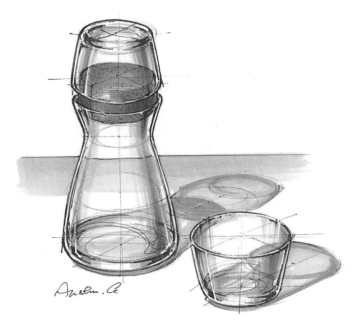

图 4-36

4.2.4 木纹材质的表现

木纹材质的表现

　　木材可以说是人类历史上使用时间最长的传统材料之一，它们分布广泛、取材便利、易于加工、坚实耐用，质感上给人以温和、自然、有活力的感觉，被大量应用于不同种类的产品设计中（图4-37）。

　　木材最突出的视觉特点就是种类各异的纹理和色泽（图4-38），但在设计快速表现中，我们无需了解所有木材的纹理和色泽特征，而是可以将其归纳为两三种具有代表性和识别度的绘制方法。

图 4-37 **木质材料的家具**

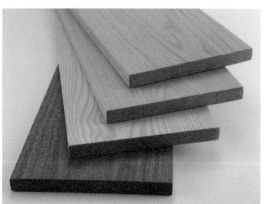

图 4-38 **不同木材的纹理和色泽**

图4-39　木材不同色泽的表现

在未涂装的情况下，木材的色泽多以棕色系为主，但不同的木材种类所呈现出的色泽也有差别，例如榉木、橡木多为浅棕色，樱桃木、杉木则偏红棕色，胡桃木等又以深棕色为主。在绘制时，可以根据需要选择不同颜色的马克笔进行表现（图4-39）。

木材的纹理由它的生长方式决定，随着树木的生长，维管形成层横向一层层地扩张，形成年轮；纵向则多为竖直条纹，根据不同种类木材的特点，常见的有山形纹理、曲线纹理、直线纹理等。有时，也可以尝试用白色彩铅在深色木材上绘制纹理（图4-40）。

图4-40　木材不同纹理的表现

通常情况下，木材表面呈哑光质感，因此可以用哑光材质的表现方法来绘制木材。在线稿的基础上，首先用马克笔平铺基础色；然后根据光源刻画暗部，塑造立体感；接着绘制木材纹理，要注意的是纹理不宜过多、过密，以免形成色块破坏画面效果；最后用白色彩铅或色粉对亮部进行提亮处理。图4-41～图4-44为木质台灯的画法。

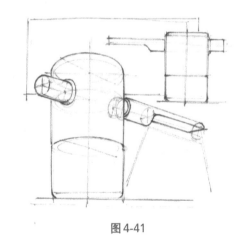

图4-41

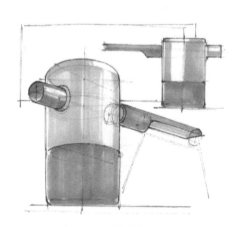

图4-42

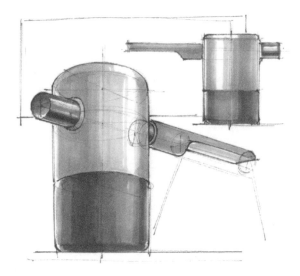

图 4-43

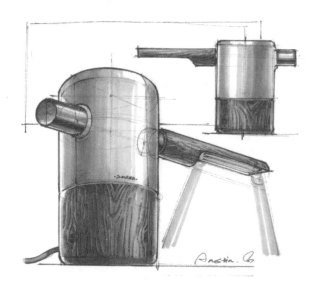

图 4-44

4.2.5　其他常见材质的表现

（1）水泥材质

　　水泥原本是常见的建筑材料，质地坚硬，给人以沉稳、冰冷的感觉。但近年来水泥材质也慢慢出现在产品设计上，先是一些室内陈列产品，比如花盆、展台等（图4-45），后来逐渐被应用到其他类别的产品中，比如图4-46、图4-47中的水泥灯具、水泥音箱。这种材料跨界运用所带来的反差感和新鲜感反而能吸引更多目光。

图4-45　**水泥材质的花盆**　　图4-46　**水泥材质的灯具**　　图4-47　**水泥材质的音箱**

　　水泥一般呈现出灰色的哑光质感，因此可以用哑光材质的画法来绘制水泥。需要注意的是，由于水泥是由液态凝固而成的，在凝固过程中水泥会发生收缩，因此水泥表面时常会出现细小的气孔和裂纹。抓住这个特征，就可以将水泥材质绘制得更加逼真（图4-48）。

图4-48　**水泥材质产品的表现案例**

　　以水泥材质的咖啡机为例，线稿阶段，可以根据水泥材质的特点在物体边缘画出一些磕碰产生的豁口，同时画出微小的气泡和裂纹，注意适当点缀即可，不要画得太多太满（图4-49）；上色时按照哑光材质画法用灰色系（图中为暖灰色）马克笔画出咖啡机整体颜色（图4-50），然后根据明暗关系将颜色逐层加重，塑造立体感（图4-51）；最后利用高光笔刻画细节（在豁口和气泡的边缘处画出些许高光效果会显得更加逼真）（图4-52）。

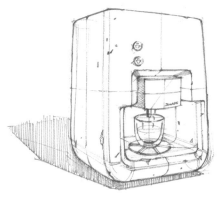

图 4-49

图 4-50

图 4-51

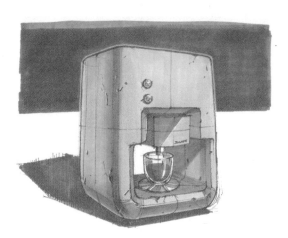

图 4-52

（2）皮革材质

作为历史悠久的传统材料，皮革在人们的生活中可以说是无处不在。不管是家居产品还是可穿戴产品，甚至在一些电子产品中也会用使用皮革材质来提升质感（图4-53～图4-55）。

图 4-53　皮革材质的坐垫

图 4-54　皮革材质的提手

图 4-55　皮革材质的挎包

图4-56 皮革座椅的表现案例

皮革材质种类繁多，且色彩、质感表现各不相同，比如植鞣皮革挺括平滑，铬鞣皮革柔软且富有弹性，有些皮革还能通过染色、抛光来增加其光泽度，或是采用压制纹理增加其艺术表现力，因此在绘制时需要根据不同的产品设计需求来选择不同质感的皮革进行表现。

例如图4-56中的座椅就采用了光泽度较高的皮革质感进行表现，绘制时可以采用光泽材质的表现方法，运用不同明度对比的颜色来表现皮革不同部位光线的反射，并使用高光笔对亮部进行刻画。

需要注意的是，皮革材质多采用缝纫的方式进行生产制作，因此皮革衔接处往往会出现缝纫线迹，我们可以用针管笔和高光笔对线迹进行刻画（就像画虚线一般），提升材质的真实度。

如图4-57中的公文包，采用哑光的方式来表现植鞣皮革的硬挺，画出缝纫线迹来表现皮革材质工艺特点。

图4-57 皮革公文包的表现案例

有时，皮革以产品配件的形式出现，用来装饰产品外表面，营造设计时尚感和柔和的触觉感受。例如图4-61中的便携音响产品，就是利用皮革材质良好的韧性和手感，将其作为提手等功能配件。同时又将皮革作为产品外表面的装饰材料，从质感上调和电子产品原本材质的坚硬和冰冷感，显得温和又具有人情味。绘制时可以先将皮革材质当作哑光材质绘制，逐层加深光影变化，最后增加缝纫线等细节（图4-58～图4-61）。

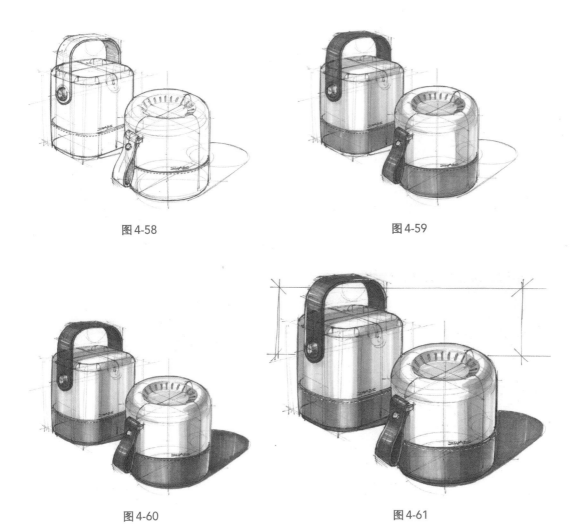

图 4-58

图 4-59

图 4-60

图 4-61

4.3　产品配色表现

4.3.1　产品配色类型

　　产品配色，即产品的色彩搭配，是产品设计中非常重要的一环。可以说，色彩的运用带给了用户最为直观的视觉感受，从而影响他们的消费偏好。在产品设计表现中，可以根据芒塞尔色彩理论将配色分为以下几种类型。

　　（1）灰度色搭配

　　灰度色系一般指黑、白、灰这一类没有色相的颜色，这种配色能够极大限度地避免彩色带来的视觉、情绪干扰，给人以纯净、沉稳、可靠的感觉，常用于电器类产品，但只使用灰度色系也会让人觉得冰冷和沉闷（图4-62～图4-66）。

图 4-62　灰度色搭配案例 1

图 4-63　灰度色搭配案例 2

图 4-64　灰度色搭配案例 3

图 4-65　灰度色搭配案例 4

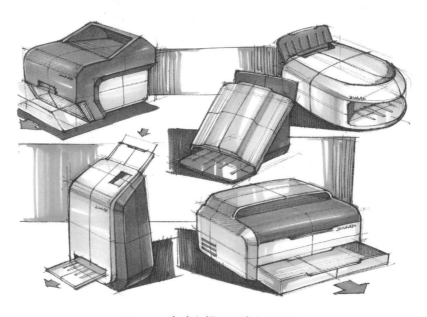

图 4-66　灰度色搭配设计表现案例

（2）单一色搭配

单一色是指某个色彩的明度变化，即某一彩色与不同量黑色或白色的混合，单一色搭配由于各颜色彼此之间色相相同，仅有明度的对比，因此能和谐共处，给人统一、温和的色彩感受，常用于家居类产品，但有时会显得色彩表现力和冲击力不足（图4-67～图4-71）。

图4-67　单一色搭配案例1

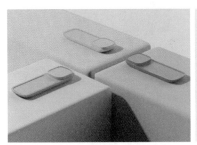

图4-68　单一色
搭配案例2

图4-69　单一色
搭配案例3

图4-70　单一色
搭配案例4

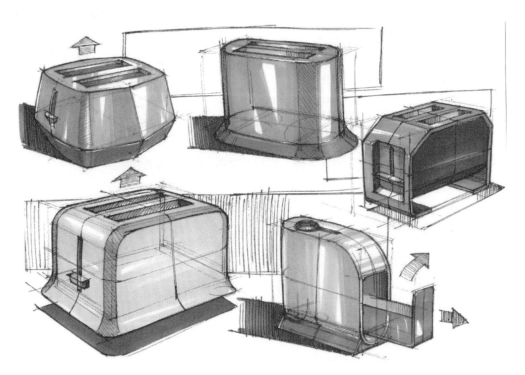

图4-71　单一色搭配设计表现案例

（3）灰度色+单一色搭配

这种搭配可以在保持灰度色稳定感的同时缓解其沉闷的氛围，特别是小面积点缀高纯度对比的彩色，可以成为产品配色的点睛之笔（图4-72～图4-75）。

图4-72　灰度色+单一色搭配案例1

图4-73　灰度色+单一色搭配案例2

图4-74　灰度色+单一色搭配案例3

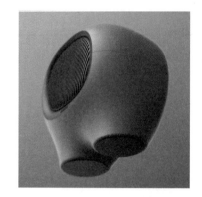

图4-75　灰度色+单一色搭配案例4

需要注意的是需表现出彩色和灰度色之间的纯度和明度的对比，例如图4-76中浅灰色与浅蓝色的搭配没有表现出明度的对比，则显得色彩层次不够丰富，整体配色感受比较"平"，把浅灰换成深灰色后视觉效果明显提升。图4-77为灰度色+单一色搭配的设计表现案例。

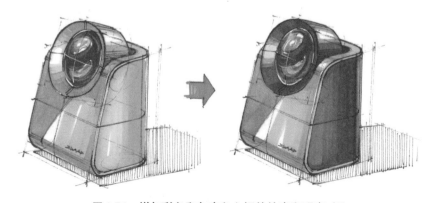

图4-76　增加彩色和灰度色之间的纯度和明度对比

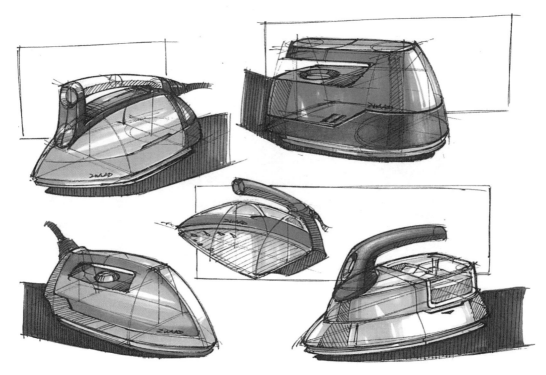

图4-77　灰度色＋单一色搭配设计表现案例

（4）多种色搭配

多种彩色的运用可以增加产品的视觉层次和色彩表现力，给人带来丰富的视觉感受。但要注意的是，在现代设计审美的影响下，除了特殊的使用人群或使用环境外，人们往往更青睐于统一有序的色彩搭配，过于复杂的色彩搭配则会让用户感觉疑惑或是不安，造成视觉疲劳，因此在多种色的搭配上，可以参考以下几种方法。

① 互补色搭配。互补色是指在色相环上对立（夹角呈180°）的两个颜色（图4-78），色相环上夹角呈现出一条直线的形态。互补色有着非常强烈的对比度，在颜色饱和度很高时，可以产生十分强烈的视觉效果，将视觉冲击力强度提升至峰值（图4-79～图4-82）。这类配色形式的优缺点和对比色很相似，常给人一种冲击、刺激、兴奋的感觉，

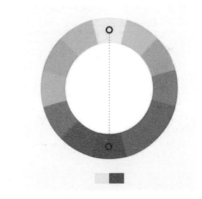

图4-78　色环中的互补色示意

图4-79　互补色搭配案例1

但也可能会给人强烈的排斥感，因此要慎重运用，适当调整两种颜色的面积比例，可以在一定程度上缓解这种排斥感。

图4-80　互补色
搭配案例2

图4-81　互补色
搭配案例3

图4-82　互补色
搭配案例4

② 对比色搭配。对比色指在色环上相距120°～180°的两种颜色（图4-83），也是两种可以明显区分的色彩。对比色能使色彩效果表现更明显，其形式多样，极富表现力。需要注意的是，互补色一定是对比色，但是对比色不一定是互补色。因为对比色的范围更大，包括的要素更多，如冷暖对比、明度对比、纯度对比等。这类配色形式视觉冲击力强烈，富有跳跃性，突出、点缀能力强，但大面积使用时会因为要素过多让人感觉较为杂乱（图4-84～图4-87）。

图4-83　色环中的对比色示意

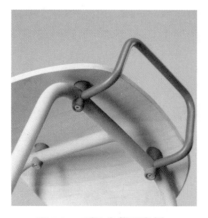

图4-84　对比色搭配案例1

图4-85　对比色搭配案例2

图 4-86 对比色搭配案例 3

图 4-87 对比色搭配案例 4

③ 邻近色搭配。邻近色是指在色相环中相邻近的两种颜色（图4-88）。邻近色可以在同一色调中建立起丰富的质感和层次，优点是阳光、活泼、稳定、和谐但不单调，因此也被称为最安全的配色法则。邻近色色相相近，冷暖性质相近，传递的情感也较为相似。例如，红色、黄色和橙色就是一组邻近色。邻近色大多表现出温和、稳定的情感，没有太强的视觉冲击（图4-89～图4-92）。

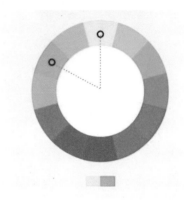

图 4-88 色环中的邻近色示意

图 4-89 邻近色搭配案例 1

图 4-90 邻近色搭配案例 2

图 4-91 邻近色搭配案例 3

图 4-92 邻近色搭配案例 4

图4-93为多种色搭配的设计表现案例。

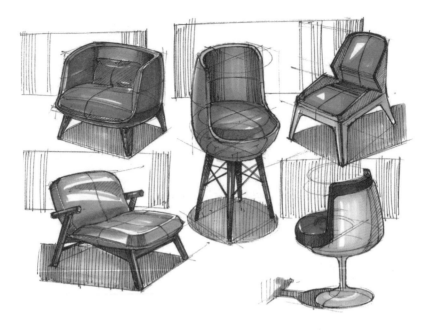

图4-93　多种色搭配设计表现案例

在进行多种色搭配时，无论采用哪一种配色方式，都有可能令产品看起来异常艳丽，原因是使用的彩色纯度（饱和度）过高。就像图4-94中的体温枪设计，高纯度的颜色搭配起来会令人产生一种莫名的"塑料感"，比起严谨的医疗器械，它们更像是儿童玩具。

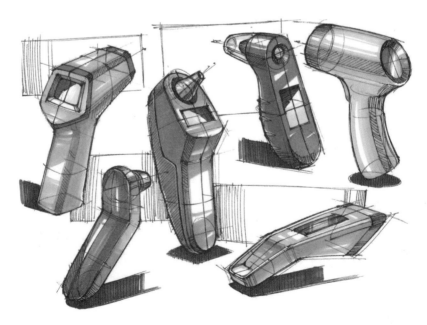

图4-94　纯度过高的产品配色

可以采用两种方式来改善这种"塑料感"：一是尝试降低其中一种（或所有）彩色的纯度，这种低纯度的颜色搭配会有效降低颜色的艳丽度，即使是互补色搭配也会显得比较协调（图4-95）。二是可以在多种色中加入灰度色进行调和，从而降低彩色的使用面积（图4-96）。

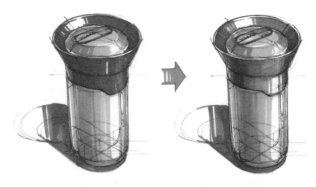

图4-95　通过降低紫色的饱和度进行色彩调和

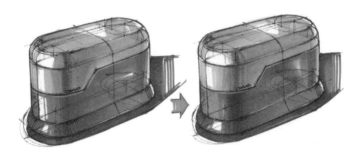

图4-96　通过增加灰度色进行色彩调和

建议

无论采用何种色彩搭配，同一产品上运用的彩色尽量不要超过三种，否则会让颜色搭配显得过于杂乱而影响用户的视觉感受。

图4-97为低饱和度配色案例。

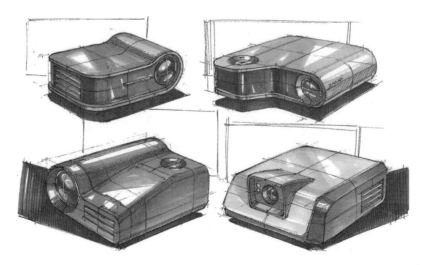

图4-97　低饱和度配色案例

4.3.2　色彩搭配与产品功能

有些时候，色彩搭配并不是设计师随意确定的，而是由产品的功能所决定的。众所周知，色彩可以通过对人的视觉产生刺激，而引发人们情感和感官上的变化，就像蓝紫色会让人感觉凉爽，橙红色则会给人温暖的感觉；白色显得纯净圣洁，黑色则给人肃穆庄严的感觉；再比如孩子往往会被绚丽活泼的高纯度色彩吸引，而温柔舒适的低纯度颜色却更受到成年人的青睐。

设计不同功能的产品时，可以利用这些色彩感受来选择更加合适的色彩搭配（图4-98～图4-101）。以手持电钻工具为例，因为其操作的危险性，为了令其更加醒目，避免误操作，设计师往往会选择黄色+黑色或橙色+黑色的警示色来表现（图4-102）。

图4-98　警示色搭配案例1

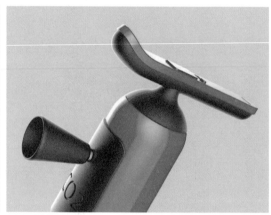

图4-99　警示色搭配案例2

图4-100　警示色搭配案例3

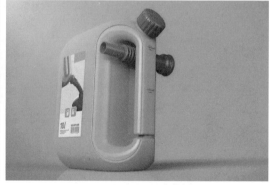

图4-101　警示色搭配案例4

高明度色+白色的搭配，给人以亲和、温柔的视觉感受，适合运用在关怀类产品上，比如母婴、儿童类产品（图4-103～图4-106）。

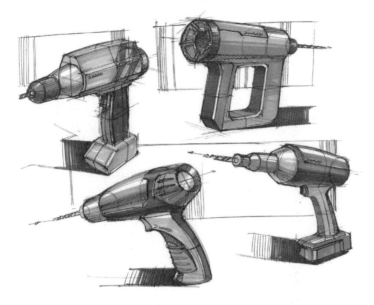

图 4-102　**警示色搭配的手持电钻设计表现案例**

图 4-103　**高明度色 +**
白色搭配案例 1

图 4-104　**高明度色 +**
白色搭配案例 2

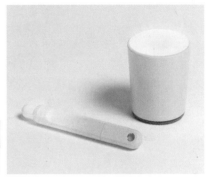

图 4-105　**高明度色 +**
白色搭配案例 3

　　在练习时，可以将产品
线稿复制多个并打印出来，
然后使用不同的配色类型进
行上色，最后将所有上色方
案进行对比和筛选，从而选
出更加合适的那一个。

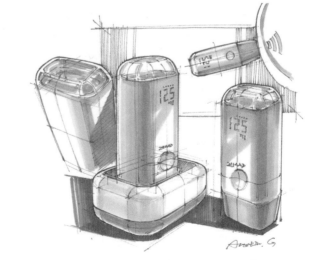

图 4-106　**粉色与白色搭配的胎心仪设计表现案例**

第 5 章

造型思维和
综合表现

通过前面的学习，大家已经具备了娴熟的产品表现技巧，但是这对于设计工作而言还远远不够。设计是一项创造性的活动，设计师需要把头脑中的产品造型快速地表现出来，与临摹和写生不同，设计没有样品可供模仿，一切都要从零开始（图5-1）。

本章节将讲述一个产品造型是如何从无到有的，一个设计方案是如何从稚嫩到成熟，又是如何优美、准确、精彩地表现出来的。

图 5-1　数量众多的汽车设计方案草图

造型的推演

5.1　造型的推演

起初设计师头脑中的产品造型，往往只是一个模糊的概念，需要在设计草图阶段不断地调整与优化，因此在设计初期，设计师会绘制大量不同的产品造型草图，这些草图可能会比较潦草，目的是快速地画出不同造型的雏形，这个过程我们称之为产品造型的推演（图5-2）。这种推演的方法多种多样，没有太过固定的模式，根据产品造型的不同特征，可以将其分为平直造型、圆润造型、切面折面造型、流体造型等。

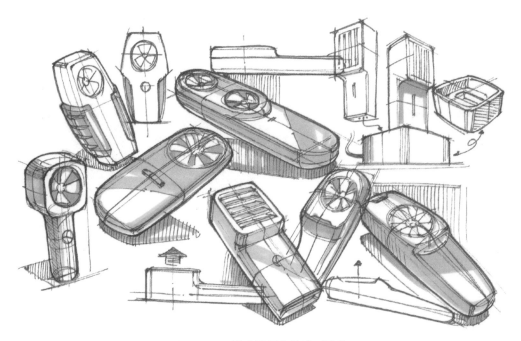

图 5-2　一款手持风扇的造型推演

当然，产品造型设计是千变万化的，很多时候不同种类的造型方法也会混合运用，这就要求在熟练掌握基础方法的基础上融会贯通、灵活应用。

需要注意的是，任何产品造型变化的前提都是要满足产品功能结构的需求，正如芝加哥学派的现代主义建筑大师路易斯·沙里文所说的"形式追随功能"，脱离了功能与结构的产品造型只是无意义的空壳罢了。

5.1.1　平直造型

平直造型多指利用方体或平直的面构成的造型，这种造型给人以有分量、有秩序、稳定、干练的感觉，适合运用于电子产品、大型设施、家具等产品种类中（图5-3～图5-8）。在造型时，可以先拟定一个（或多个）基础形态，然后在基础形态上加以变化，如切割、拉伸、折叠、倒角、组合等，从而推演出不同的造型。

图5-3　平直造型案例1　　　图5-4　平直造型案例2　　　图5-5　平直造型案例3

图5-6　平直造型案例4　　　图5-7　平直造型案例5　　　图5-8　平直造型案例6

以桌面空气加湿器为例进行造型推演，首先提取基础元素"梯形台"，并画出若干侧视图为参考草图，然后根据侧视图做出不同的造型变化，画出尽可能多的造型推演（图5-9、图5-10）。

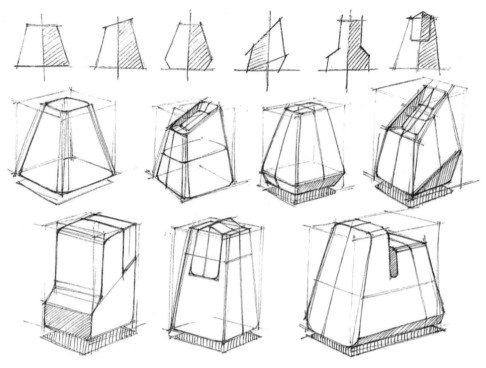

图 5-9　桌面空气加湿器造型推演 1

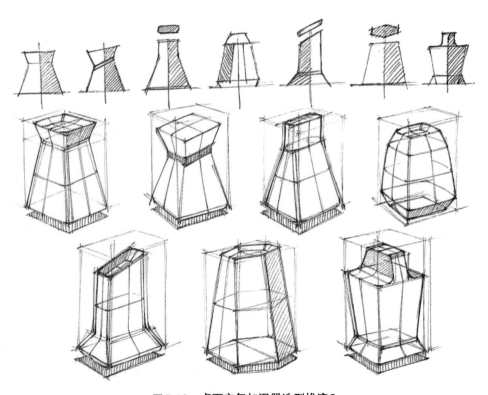

图 5-10　桌面空气加湿器造型推演 2

得到若干推演的造型后，可以进行对比并筛选出合适的方案进行深化（图5-11）。

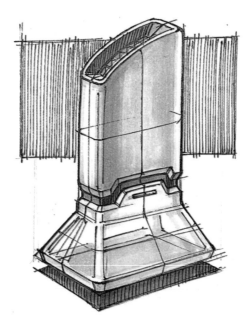

图5-11　桌面空气加湿器完成稿

图5-12为平直造型的榨汁机设计案例。

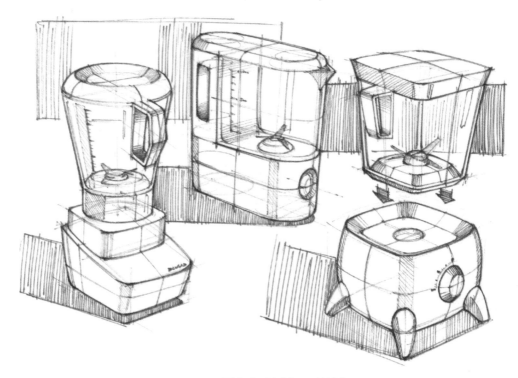

图5-12　平直造型案例——榨汁机

5.1.2 圆润造型

圆润造型多是指以圆柱、圆球为主的造型，这种造型会给人以温和、柔软、有亲和力的感觉，多用于家居产品、女性及儿童产品、医疗产品等（图5-13～图5-19）。在造型时，可以先确立基本形态，再通过不同的造型方法进行变化，除了常规的加减法造型外，旋转造型和放样造型更加适用于圆润造型产品的绘制。

图5-13　圆润造型案例1

图5-14　圆润造型案例2

图5-15　圆润造型案例3

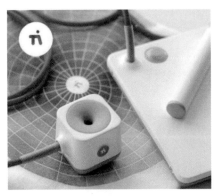

图5-16　圆润造型案例4

图5-17　圆润造型案例5

图5-18　圆润造型案例6

图5-19　圆润造型案例7

　　以水壶设计为例进行造型推演，首先确定基本形态，并绘制尽可能多的侧视图，要注意当仅有一个侧视图不足以画出透视图时，我们可以将此造型其他面的形状也画出来以供参考，然后根据侧视图的形状画出不同造型的透视图，最后筛选方案进行深入绘制（图5-20～图5-22）。

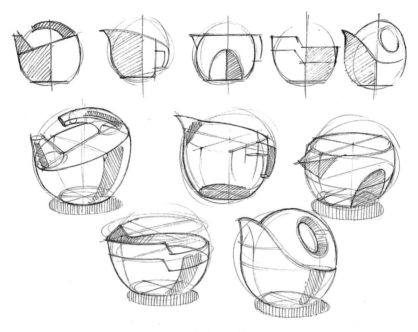

图 5-20　水壶造型推演 1

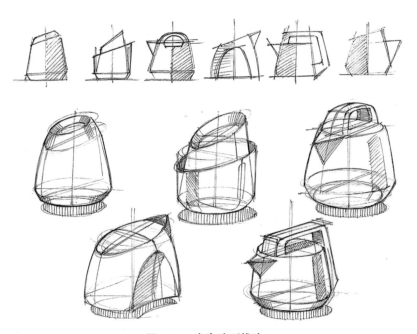

图 5-21　水壶造型推演 2

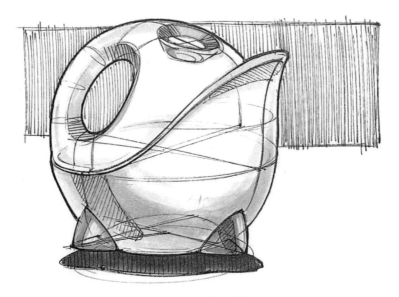

图5-22　水壶完成稿

　　在绘制的时候，需要根据产品功能（储水与倒水）来确定产品必备的结构，比如储水的空间、出水口、把手等，并在绘制草图时统筹规划。

　　图5-23、图5-24为圆润造型的设计案例。

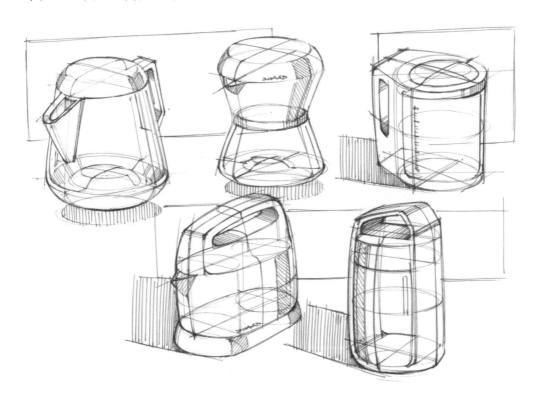

图5-23　圆润造型案例——电水壶

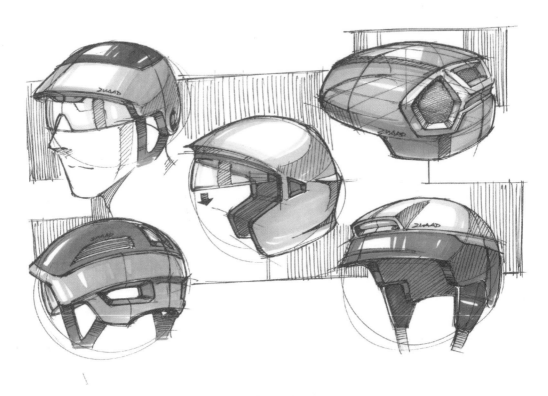

图 5-24　圆润造型案例——头盔

5.1.3　切面折面造型

切面折面造型多指以转折的面为主所构成的造型，这种造型会给人一种锋利、冰冷、有秩序、有节奏的感觉，这里的面既包含直面也包含曲面。切面折面造型多用来绘制家居产品、电子产品、公共设施，甚至空间建筑等（图 5-25～图 5-29）。

图 5-25　切面折面造型案例1

图 5-26　切面折面造型案例2

图5-27　切面折面
造型案例3

图5-28　切面折面
造型案例4

图5-29　切面折面
造型案例5

　　绘制规则的切面造型需要具备强大的透视把控力，否则很容易造成视错觉，让观看者难以理解。在绘制时可以利用添加走势线和明暗关系等方式体现产品的体积感和位置感。精准的绘图也将有助于后期的计算机建模。

　　有时，如果不得不运用曲面，但又不想让产品看起来太圆润的话，也可以通过切面的方式来做面的转折。

　　以电熨斗为例，用切面折面造型来做造型推演，有两种方式：一种是规则切面，可以先画出基本型，然后在转折面或曲面的地方进行切割（比如把圆柱体切割成五棱锥）；另一种是随机切面，需要把控大体形态的转折趋势，再将面进行分割（图5-30、图5-31）。

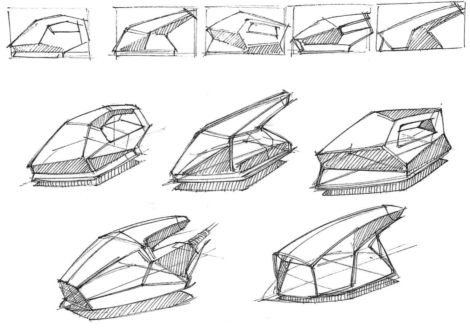

图5-30　电熨斗造型推演

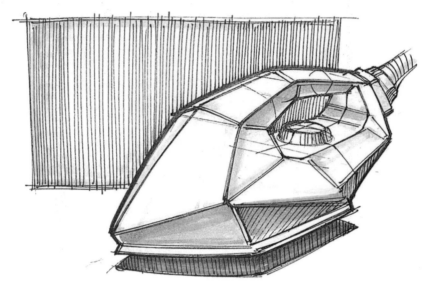

图 5-31 电熨斗完成稿

图 5-32 为切面折面造型的咖啡机设计案例。

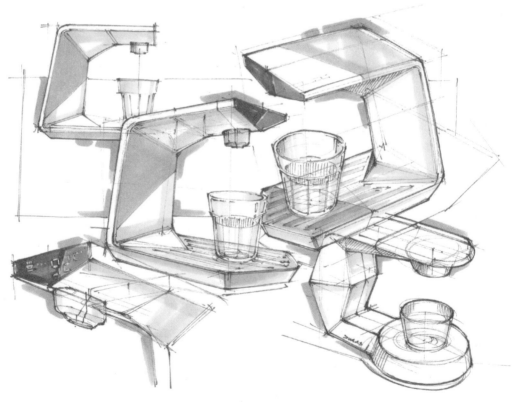

图 5-32 切面折面造型案例——咖啡机

5.1.4 流体造型

流体造型与圆润造型不同，更多的是指偏向有机的曲面造型。这一类造型没有太明显的规则，更加流畅、自然、无拘无束，多运用于女性用品、公共设施、家居用品或者一些偏向艺术品的陈设产品中（图5-33～图5-38）。在绘制时不用太拘泥于基础形态的变化，更多的是放松状态下的挥笔，可以尝试使用多画线条再选择合适的位置进行加重强调的方法来绘制。

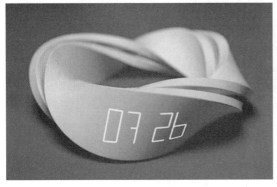

图5-33 流体造型案例1

图5-34 流体造型案例2

图5-35 流体造型案例3

图5-36 流体造型案例4

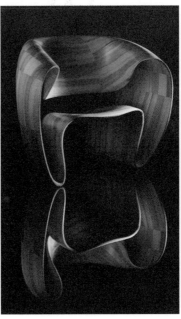

图5-37 流体造型案例5

图5-38 流体造型案例6

以剃须刀作为设计案例进行流体造型的推演。在绘制时，需要先构思好产品整体的比例和尺度，下笔时要放松，否则很难画出流畅而果断的线条。由于曲面复杂多变，我们可以画上走势线来辅助表现曲面的起伏变化（图5-39、图5-40）。

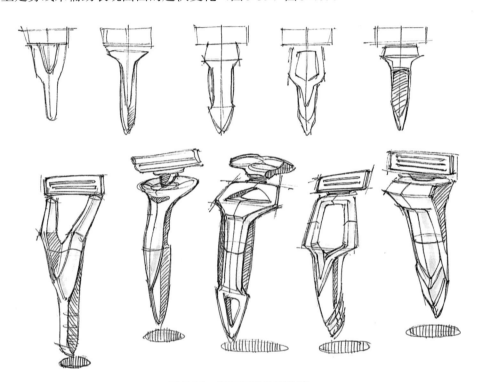

图5-39　剃须刀的造型推演

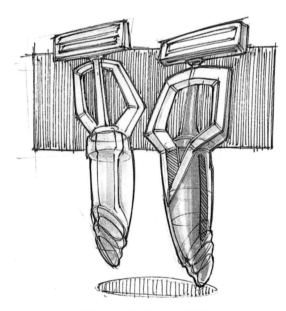

图5-40　剃须刀的完成稿

图5-41为流体造型的运动鞋设计案例。

图5-41   **流体造型案例——运动鞋**

5.2   造型的调整与优化

由于造型推演阶段的草图主要关注造型的快速表现，会相对比较简单和潦草，很多造型只是简单的雏形，存在各种问题，因此需要对筛选出来的方案进一步调整和优化，这会使产品方案更加规整、完善，以便于后续设计工作的开展（图5-42）。

图5-42   **一款浴室吸盘扶手的造型推演和最终效果**

5.2.1 比例与姿态

简单来说，产品造型就是由不同的基本形态（点、线、面）按照某种规律构成的，这些形态在构成时的大小、位置、形状都会直接影响人们的视觉体验，设计师要根据产品的功能结构，结合人们的感官体验来进行造型比例和姿态的优化。

（1）比例

人类的视觉感官对于尺寸比例的感受非常敏感，规则化、秩序化的形态会给人以稳定、扎实的感觉，而比例上的错乱会让人们感到迷惑，因此在优化造型时，设计师往往会将产品各部分的比例规则化，这是一种常规的调整手段。

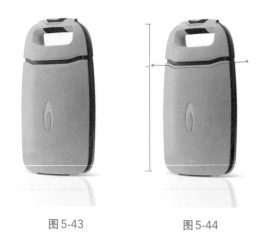

图 5-43　　　　　　图 5-44

比如图 5-43 中的产品，中间的结构缝隙将整体分为了上下两个部分，通过分析可以看出结构缝隙的位置在整个产品的靠上三分之一处（图 5-44），让整个产品显得干练且富有动感。

那么，如果调整这条结构缝隙的位置，产品造型会发生什么变化呢？下面我们做一下不同的尝试，在草图（图 5-45、图 5-46）的基础上，分别把缝隙的位置调整至中间（图 5-47）和靠下三分之一处（图 5-48），当缝隙在中间时，产品看起来上下两部分重量均衡，没有了之前的动感，变得中庸且略显呆板，而当缝隙在靠下三分之一处时，产品看起来则显得头重脚轻。

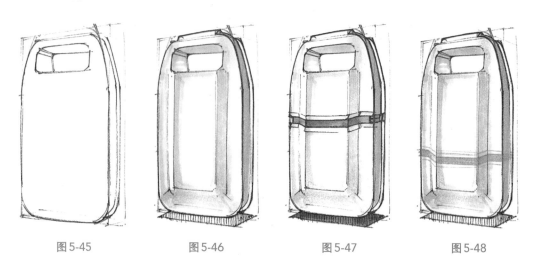

图 5-45　　　　　　图 5-46　　　　　　图 5-47　　　　　　图 5-48

下面，再看看其他案例的比例关系。如图 5-49 中的计算器，设计师将屏幕、型号标识、数字按键划分为不同大小的方形区域，其中屏幕占据约四分之一区域，数字按键占据一半区域，中间的四分之一区域又一分为二，并规划了一个米色的区域来增加视觉层次（图5-50），这种规则几何化的区域划分在视觉感受上更显稳重。

图 5-49 　**计算器**　　　　　　　　　　图 5-50 　**计算器区域划分**

　　观察图 5-51 中的音响设计，可以明显看出主体部分和两侧的面板虽然造型不同，但都占据了三分之一的体积，同时主体高出两侧面板的高度和其下方的空位高度基本相同（图5-52），从视觉上来看就像是主体结构向上升起了一样。

图 5-51 　**音响**　　　　　　　　　　图 5-52 　**音响结构划分**

（2）姿态

同样的产品，在造型上也可以有不同的姿态，不同的姿态又能体现出不同的视觉感受。有时产品就像人一样，独特的姿态能够体现出其独有的气质，在优化造型时，可以根据需要来调整造型的姿态。

以握持类产品造型为例，图5-53中的产品以直线为主进行造型，显得硬朗、干练、姿态挺拔；而图5-54中的产品把手则以曲面流体为主进行造型，显得更加圆润、松弛、姿态柔软。

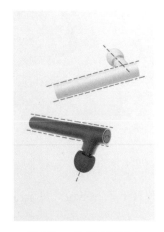

图5-53　直线造型姿态

图5-54　曲面造型姿态

再比如下面的鼠标，图5-55中直线加切面的造型给人以动感、硬朗的感觉，更具机械感和科技感；图5-56中曲面流体扭曲的造型则给人一种圆润、更具亲和力的感觉。

图5-55　直线造型鼠标

图5-56　曲面造型鼠标

以图5-57中的显示器为例，在做造型调整时可以画出侧视图来辅助推敲产品姿态：①号方案中显示器姿态挺拔，稳定感强；②号方案姿态圆润饱满，亲和感强；③号方案姿态流畅婀娜，艺术感强。三种方案的立体图如图5-58～图5-60所示。

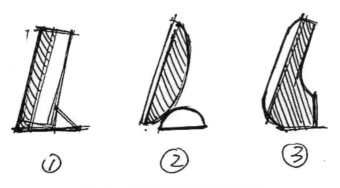

图 5-57　用侧视图来推演显示器造型

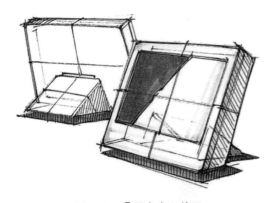

图 5-58　①号方案立体图

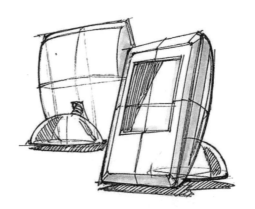

图 5-59　②号方案立体图

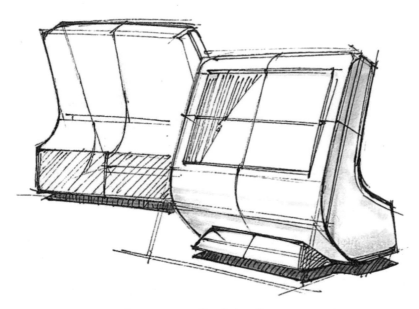

图 5-60　③号方案立体图

5.2.2　协调与统一

大多数工业产品造型都是由各个部分的局部形态组合而成的，比如切角、凹槽、凸起等，同时在产品结构上也会出现各种小的零部件及结构细节，为了营造好的视觉效果，这些局部形态和结构细节在组合成产品造型时需要做到协调和统一，比如各部分倒角尺寸要统一、按钮之间的间距要一致、部件和主体的形状位置要协调等，这也是为后续产品的高效生产做准备。

图5-61中的登山包产品上，重要部件的缝制线条都为统一的"V"字形，并且在斜度上做渐变处理，增加了协调性的同时展现了背包的运动感（图5-62）。

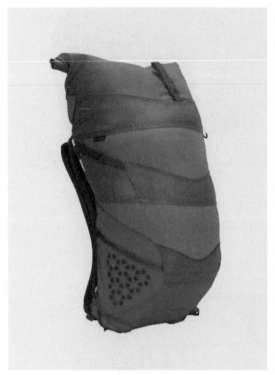

图5-61　登山包

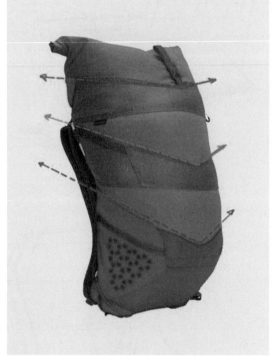

图5-62　登山包造型分析

这款防毒面具（图5-63）的设计同样遵循了协调统一的原则，以中轴线为分界，左右两边的零部件造型曲线保持了一致（图5-64），营造了稳定的视觉感受。

图5-65中产品红色外壳部分和下方的银灰色结构虽然分属不同部件，但在造型趋势上保持了统一的方向动势（图5-66）。

卡扣（图5-67）的前后两部分整体造型虽然不同，但都采用了梯形的切面结构，在视觉和触觉上保持了协调和统一（图5-68）。

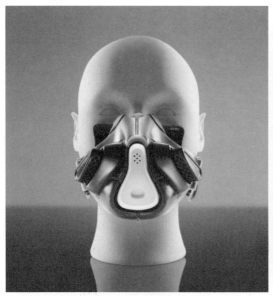

图 5-63　防毒面具

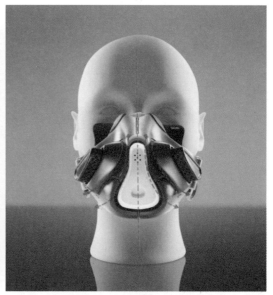

图 5-64　防毒面具造型分析

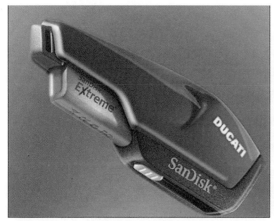

图 5-65　U盘

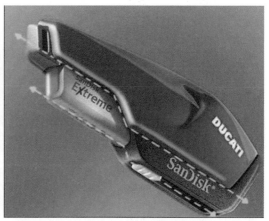

图 5-66　U盘造型分析

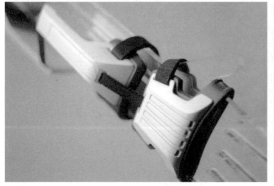

图 5-67　卡扣

图 5-68　卡扣造型分析

相机（图5-69）以中心线为轴形成了上下对称的造型，且在上端和下端均设计了一个形状、尺寸相同的梯形凹槽结构。整个相机的各个部件都以切面造型为主，保持了风格的统一（图5-70）。

图5-69　相机

图5-70　相机造型分析

5.3　设计方案的综合表现

除了快速记录设计师脑海浮现的方案外，设计草图的另一个功能就是给所有相关的工作人员解释设计方案，从而不断地讨论、筛选、修订和优化设计方案，最终完成设计任务。在这个过程中，需要思考如何能让设计方案更加直观清晰地展示给其他人，也就是如何"讲好设计故事"，这对于提升设计效率来说是至关重要的。

因此，设计师除了需要表现产品造型，还应提供与设计方案相关的解释和说明图片，这些图片包含产品的使用场景（where）、产品的使用人群（who），以及产品的使用方法（how）。

5.3.1　视觉平衡

在思维发散阶段，设计师需要不停地思考设计方案，想象产品的造型和结构，并在短时间内用草图的形式记录下来，这些方案经过不断地推敲和优化，又会产生更多新的方案草图，这使得一张草图中包含的信息要素越来越多，草图的信息要素过多，并不利于设计方案的展示。因此需要掌握一些表现技巧，以帮助我们将杂乱无章的设计方案草图进行归类和整理，从而更好地突出较为重要的方案。

（1）制造视觉焦点

当在纸上绘制了多个造型方案后，我们也许会立即进行第一轮的筛选，其中一些方案脱颖而出，我们想要将它们优先展示给别人，应该如何让这些方案在一瞬间抓住观看者的眼球呢？

① **轮廓线强化法**。将重要方案的轮廓线进行加粗和强调，能够快速吸引观看者的注意力。将图5-71进行调整后，得到图5-72，其中哪些方案更能吸引你的注意？

图5-71　未经处理的方案草图1

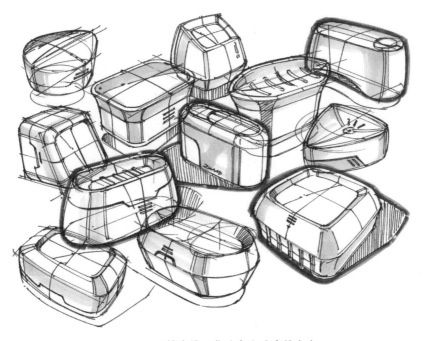

图5-72　用轮廓线强化法突出选中的方案

要注意的是，只需加重最外框轮廓线，内部细节无需强调，以免画面太过杂乱。

可以尝试使用不同样式的线条来强调轮廓线，让画面更加生动、富有表现力。

② **完成度对比法**。利用草图不同的完成度来突出重点方案，例如图5-73中的线稿方案不及图5-74中上色方案的完成度高，因此上色后的方案更容易吸引观看者的目光，能够达到制造视觉焦点的目的。

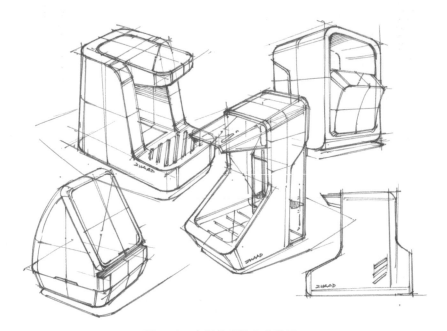

图5-73　未经处理的方案草图2

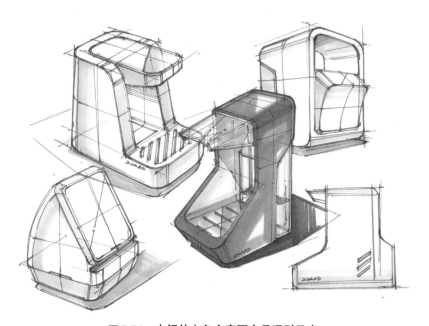

图5-74　中间的上色方案更容易吸引目光

值得注意的是，完成度对比法还可以用来突出设计方案局部的细节，例如图5-75中的电水壶，在保证整体性的情况下对结构细节进行了强调，完成度较高的壶嘴和提手部分比其他部分更容易引起观看者的注意。

③ 背景色对比法。通过色彩原理可以知道，互补色对比强烈，邻近色对比较弱，因此在绘制背景时选择想要突出的方案颜色的互补色可以营造强烈的视觉冲突，从而吸引观看者的目光。

观察图5-76中的两张设计草图，分别是哪个方案被突出出来了？为什么？

图5-75　突出壶嘴与提手的电水壶设计方案

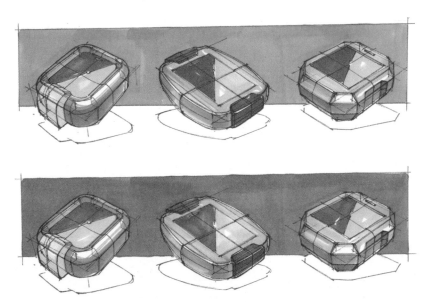

图5-76　背景色对比设计草图

图5-77　远处山峰比近处山峰的色彩纯度低

要注意的是，由于色彩深度的影响，低纯度颜色相较于高纯度颜色在视觉感受上来说位置更加靠后，因此选择背景色时应适当降低颜色纯度（图5-77、图5-78）。

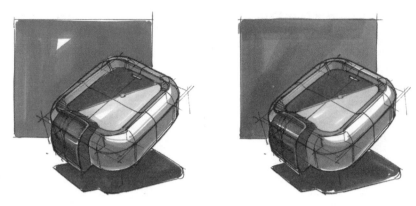

图5-78 左边的高纯度橙色背景显得比右边背景靠前

（2）制造视觉层级

在造型推演的过程中，一些方案之间会存在一定的联系，因此一张设计草图上可能会出现不止一个视觉焦点，这时就需要将多个视觉焦点相互关联，形成视觉层级，从而引导观看者在画面中找到最重要的视觉层级，并在不同视觉层级之间建立差异。

① **群组分层法**。拉进有关联的方案草图之间的距离，甚至使轮廓线条互相叠加，观看者就会很自然地将这些方案联系起来形成群组，从而产生不同的视觉层级，在提升草图整体性的同时增加了视觉冲击力。例如图5-79中分散的草图，将有联系的方案放置在一起后，能够很清楚地将它们划分成群组（图5-80）。

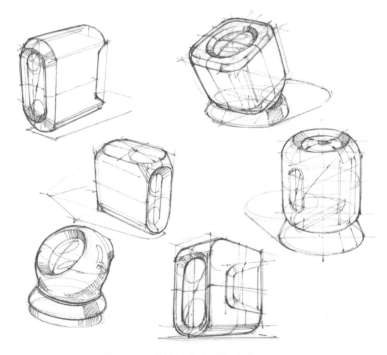

图5-79 分散的方案看起来毫无关联

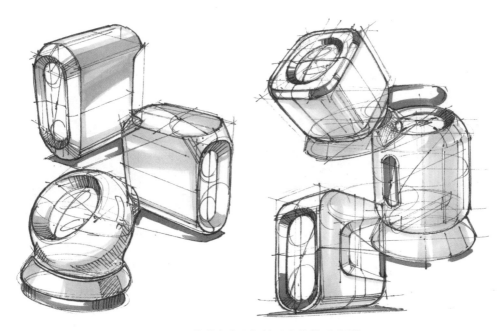

图 5-80 　拉进方案之间的距离使其形成群组

　　以图 5-81 中的方案为例，也可以利用绘制背景的方式划分方案的群组，效果如图 5-82 所示，处于同一个背景中的几个方案会被认为是一组的。

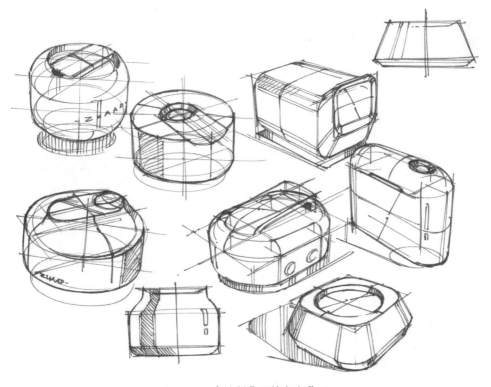

图 5-81 　未绘制背景的方案草图

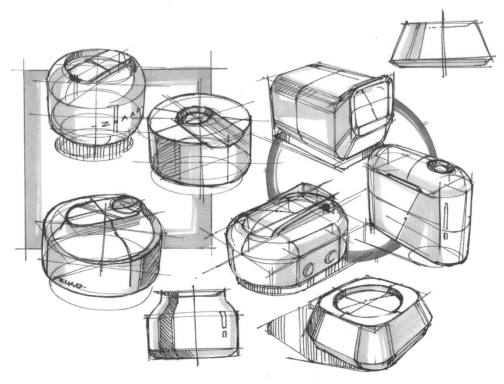

图5-82　利用共同的背景使不同方案形成群组

　　② 大小比例分层法。利用方案草图大小比例的不同进行视觉层级的划分。例如将重要的方案草图做放大处理，要注意草图之间大小比例的差异要足够明显才能达到突出的作用（图5-83）。

图5-83　利用大小比例进行视觉层级划分

图5-84是一款工具箱的设计草图，通过改变草图的大小，将重要的方案草图（画面下方的两个方案）进行层级划分，并突出出来（图5-85）。

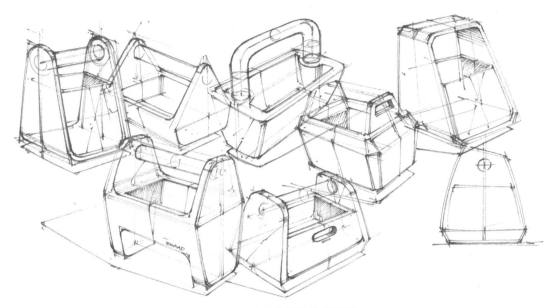

图5-84　大小均衡的方案草图

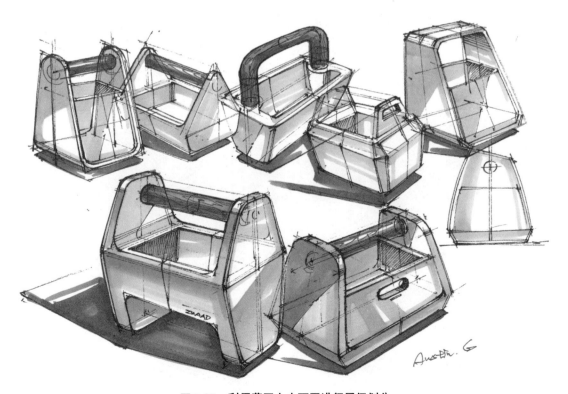

图5-85　利用草图大小不同进行层级划分

③ **色彩分层法**。利用不同方案的色彩差异进行视觉层次的划分。比如利用色彩的饱和度差异进行视觉分层，色彩饱和度更高的方案会被认为是一组，且相比于灰度色方案或线稿方案更加突出（图5-86、图5-87）。

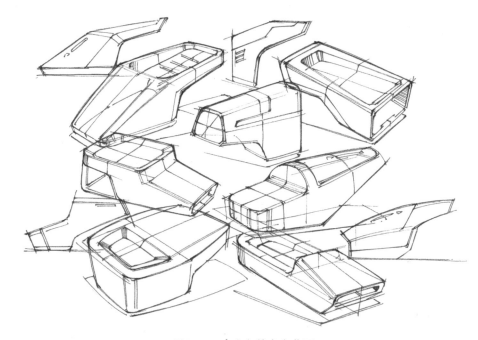

图5-86　未上色的方案草图

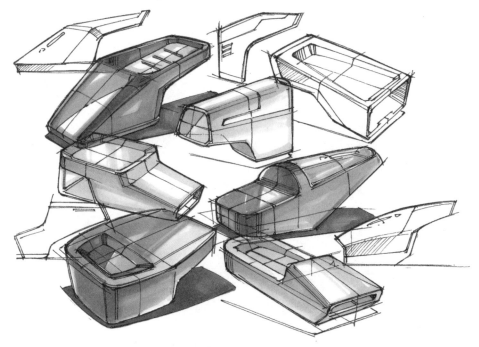

图5-87　利用色彩完成度进行层级划分

图5-88与图5-89同样是杯子设计，图5-88的视觉层次为什么没有拉开？

图5-88　杯子设计1

图5-89　杯子设计2

5.3.2　情境图的表现

（1）环境与背景

如果想要准确地表现一个产品使用时的状态，那么把它放置在使用环境中是最好的选择，比如把汽车设计草图放在公路或跑道的环境中，把电饭煲设计草图放在厨房的环境中。这种方式除了能够展现产品的使用场景，还可以在一定程度上体现产品的尺寸和体积。

但要注意的是，环境与背景的刻画在整张图纸上属于次要地位，其作用是衬托产品主体，因此环境背景的绘制应当简化，有时甚至只需要画一个简单的色块，切勿太过精细而喧宾夺主（图5-90）。

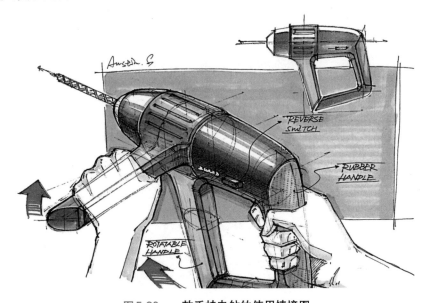

图5-90　一款手持电钻的使用情境图

同样是炊具产品，不同的环境背景说明了不同的使用场景（图5-91、图5-92）。

图5-91　室内环境中的炊具产品

图5-92　室外环境中的炊具产品

用模糊的环境背景衬托热水壶设计（图5-93），让观看者的目光更容易集中在热水壶上。而细节过于丰富或太过清晰的环境背景会分散观看者的目光（图5-94）。

图5-93　背景模糊的热水壶展示图

图5-94　背景太过清晰的产品展示图

可利用不同的环境背景展示产品的不同使用功能，如图5-95所示。

图5-95　用不同的环境背景展示产品不同的使用功能

下面，以公共座椅为例绘制产品环境和背景，首先确定座椅的使用环境为户外，并在图纸合适的位置绘制出产品造型（图5-96）。

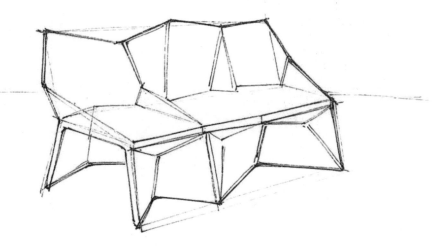

图5-96

画出产品结构细节和明暗关系（图5-97）。

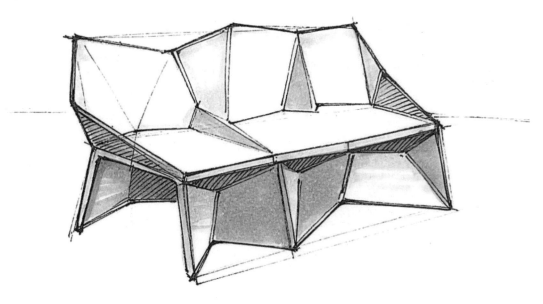

图5-97

根据产品的特性可知，公共座椅多设置在公园、小区等户外环境中，因此在公共座椅后方画出街道边缘线，并在边缘线上方画上灌木丛，一来可以营造户外的空间环境，二来可以作为深色的背景衬托座椅效果（图5-98）。

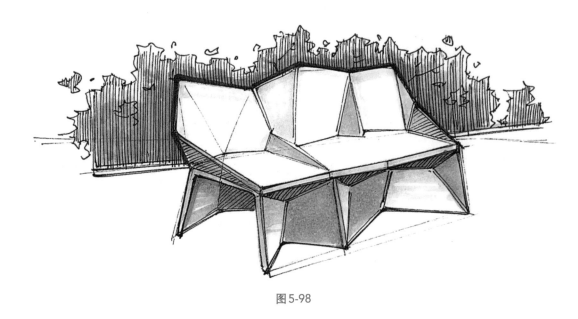

图 5-98

　　最后在长椅下方画出简易的方砖地面，注意透视趋势和长椅保持一致，并画出投影效果（图 5-99）。

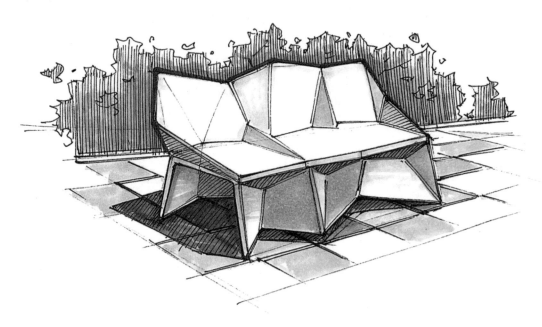

图 5-99

　　有时也可以为同一个产品绘制两个不同的背景，以此来表现不同的使用场景。比如图 5-100 中的汽车充电桩，画面左侧绘制的是城市户外停车场的环境背景，右侧绘制的则是地下停车场的室内环境背景，以解释该产品可以在不同的环境下使用。

图5-100 不同环境背景下的汽车充电桩

（2）使用者的参与

在表现产品时，如果能够将使用者一起绘制出来，会极大地提高产品的真实代入感，同时也可以以人为参照物展现出产品的体积和高度，一般来说在设计表现中常见的使用者造型包括人体造型和手部造型两种。

对于非美术专业的人来说，往往会在绘制人体和手部时遇到困难，但要牢记设计表现的主体永远都是产品本身，人体和手部只是配合和衬托，无需表现得太过精细，有时候甚至只需一个剪影就足以清楚示意。

① **手部造型的表现**。一般来说，手部的表现常常出现在一些手持类产品中，比如电动牙刷、手持电钻等，手部动作多为抓、握、捧、提等。如果很难想象动作造型的话，可以用自己的另一只手摆出相应动作，对照着来画。

绘制时，可以先将手部分为手掌、大拇指、四指等几个大的部分；然后根据手部动作确定指关节的位置（可以用线条模拟手指骨架）；接着刻画手指形状和其他手部细节，如肌肉线条、掌纹、指甲等；最后简单画出手部明暗变化，提升手部立体感。图5-101 ～图5-109为不同手部动作案例的绘制过程及表现效果。

情境图的表现—
使用者的参与—
手部造型的表现

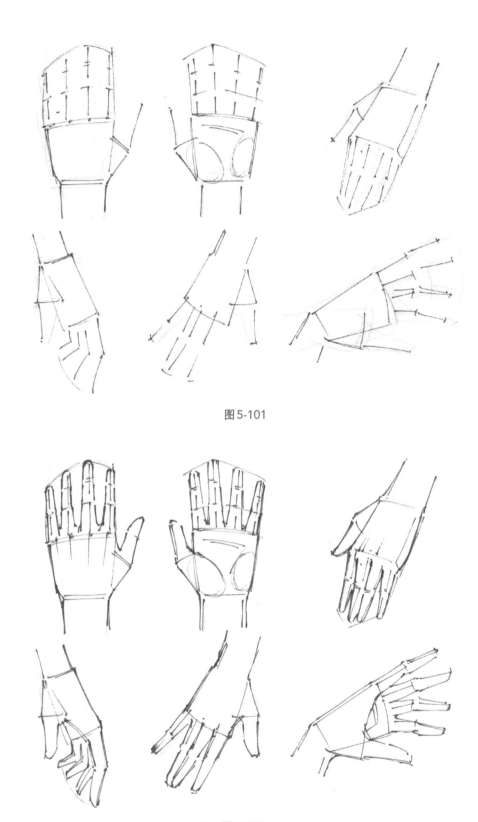

图 5-101

图 5-102

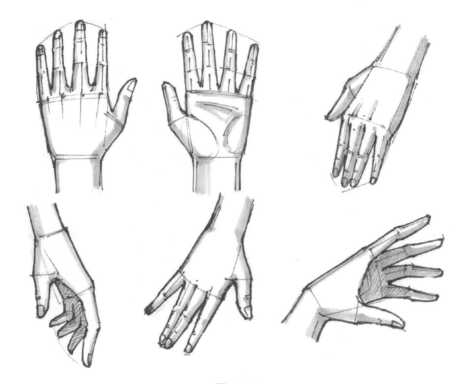

图 5-103

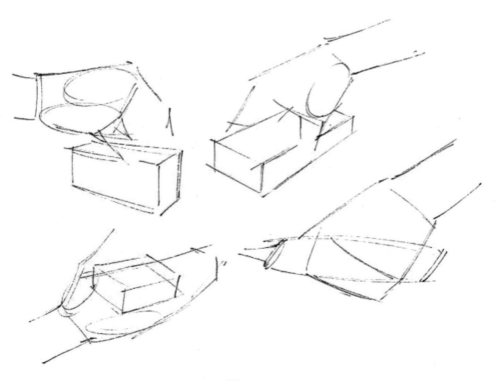

图 5-104

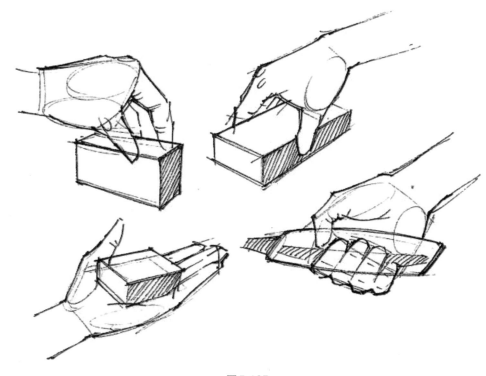

图 5-105

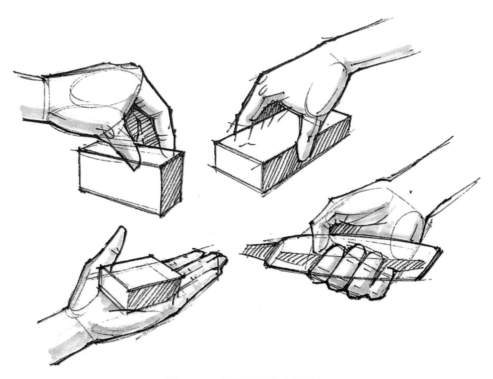

图 5-106 手部抓握动作案例 1

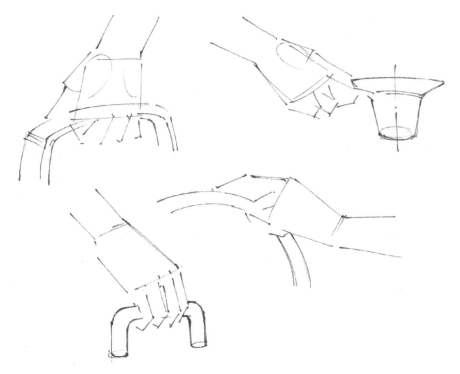

图 5-107

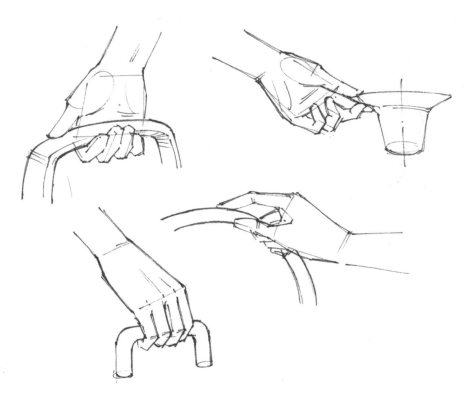

图 5-108

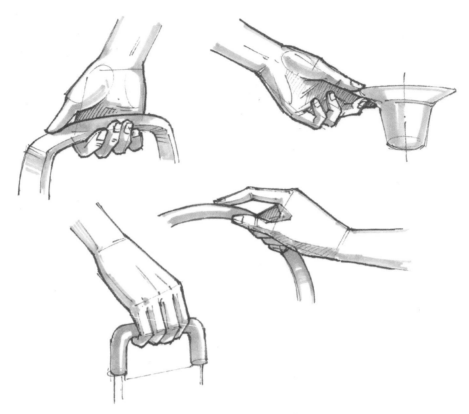

图5-109　手部抓握动作案例2

　　注意在绘制时，要以产品为主，除非是特殊情况，否则不要使手部遮挡住产品主体形态（不要把手部画在遮挡产品的位置）（图5-110）。

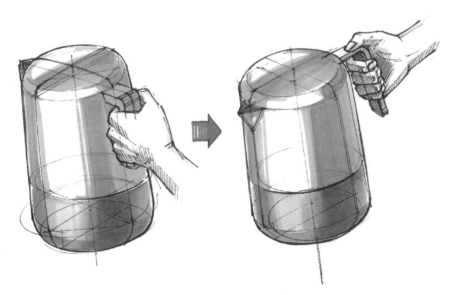

图5-110　转动视角放置手部遮挡产品

② 人物造型的表现。人物在设计表现中主要有两个功能：a.人物作为一个标尺，可以帮助观看者理解产品的尺寸、体积以及表现产品的人体工学。b.人物可作为一个模拟用户来展示产品的使用场景和使用方法（图5-111～图5-114）。

图5-111 人物与产品1

图5-112 人物与产品2

图5-113 人物与产品3

图5-114 人物与产品4

情境图的表现—使用者的参与—人物造型的表现

在绘制人物时要注意：a.人物自身的各部位比例要协调。b.人物动作要自然、合理。c.人物衣着细节尽量简化，甚至只画出剪影即可，避免太多细节分散人们对于产品的注意力。d.人物造型的透视、视角等应与产品保持一致。

为了快速且准确地绘制人物造型和动作，我们可以采用一种简化的人物绘制方法：

首先我们需要了解人体的骨骼结构，并用最简单的线条表现出来，就像小孩子也会画的"火柴人"那样，但要注意，尽可能准确地画出人体的几个主要关节的位置，比如肩关节、肘关节、腕关节、髋关节、膝关节和踝关节，这对后面的人物动作变化至关重要（图5-115）。

其次，我们要找准人物各个骨骼的长度比例，比如腿部比手臂要长，上半身要比下半身略短等。

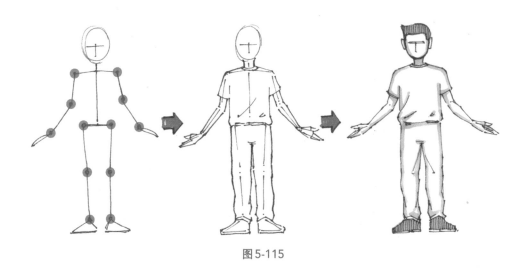

图 5-115

　　然后，根据设想的动作来绘制简易骨骼，在练习时可以着重绘制常见动作，比如站、走、坐、跑、蹲等。

　　最后，在骨骼线条的基础上进一步完善人物的四肢、躯干以及衣物等细节，无需精细刻画，只需简要表现即可（图 5-116、图 5-117）。

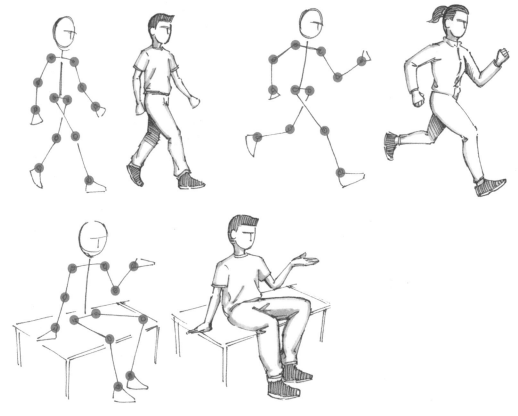

图 5-116

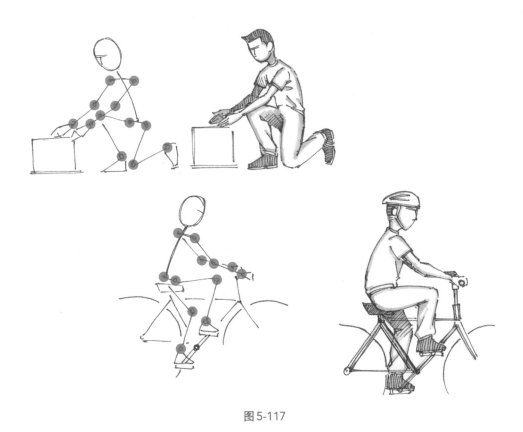

图 5-117

在设计表现时，可以画出人体来解释产品的使用方法，如图5-118、图5-119所示。

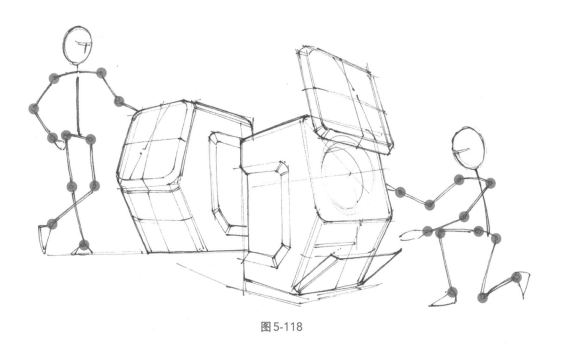

图 5-118

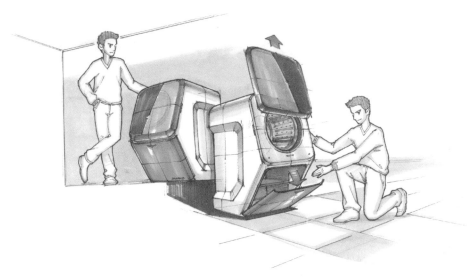

图5-119　画出人体来解释洗衣机的使用方法

5.3.3　设计说明图的表现

为了让观看者更好地理解设计意图（设计师的图纸），设计师需要对方案进行结构功能上的说明，因此仅仅展示产品造型本身是不够的，还需要绘制辅助说明的图形以及绘制产品使用的过程，让静态的展示图动起来（图5-120）。

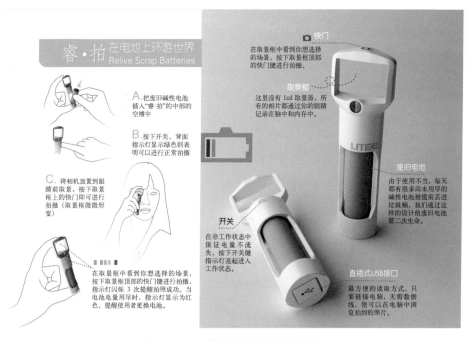

图5-120　一款便携相机的解释说明

（1）指示箭头

指示箭头在说明图中非常常见，如图5-121、图5-122，它们的作用主要有以下几种。

① 指示方向，显示产品或是部件朝向的方向。

② 指示动作，模拟产品或是部件移动的动作。

③ 指示注解，标示解释产品或是部件的名称、材质、工艺等文字内容。

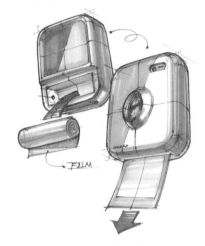

图5-121　指示箭头1

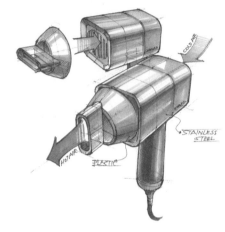

图5-122　指示箭头2

　　在绘制箭头时，指示方向和动作的箭头通常会用平面箭头来表现，平面箭头就像是一个真实存在的二维平面图形，它们具有较大的面积，因此可以更容易地吸引人们的视线，从而使人看明白这些箭头想指示的含义，此外，还可以将平面箭头作为丰富画面层次的一种手段。

　　绘制平面箭头时应注意两点：一是使其透视关系和产品保持一致；二是尽量使用和产品不同的颜色来进行区分。在画的时候，可以先画出一条线作为箭头的中轴线，再根据透视法则画出箭头转折面的变化，最后加上一些明暗效果让箭头更加立体（图5-123～图5-125）。

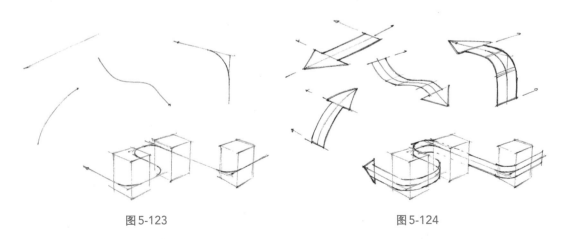

图5-123　　　　　　　　　　　　　　　　图5-124

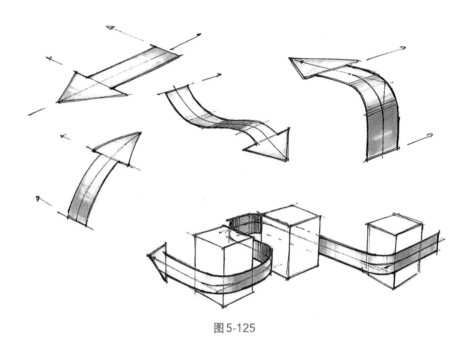

图 5-125

（2）使用流程图

有时候产品静态图无法完全地辅助设计师解释产品的功能，那么就需要绘制使用流程图，简单来说这类图片类似多格漫画，用简单的几幅图来表现整个产品使用的过程，让观看者快速理解产品功能和使用方法。

使用流程图类似说明书，不需要太过精细地表现，只需要表现出产品的主要特征和结构即可。画的时候可以配合使用者的参与以及场景和环境来进行表现，如图5-126。

图 5-126　一款登山急救绑带的使用流程图

要注意的是，绘制流程图时，每一幅图应当表现一个关键的动作节点，如图5-127所示，这一点很重要。相邻的两幅图如果内容差别不大就会产生雷同，应当合并或删除其中一幅以保持阅读的顺畅；如果内容跨越太大则会造成流程前后缺少衔接，让人难以理解。

在练习时，可以从一些简单的步骤入手，比如图5-128中拆快递包装箱的流程。此外，在绘制时，可以加入一些箭头来指示步骤的推进以及操作产品的动作示意。

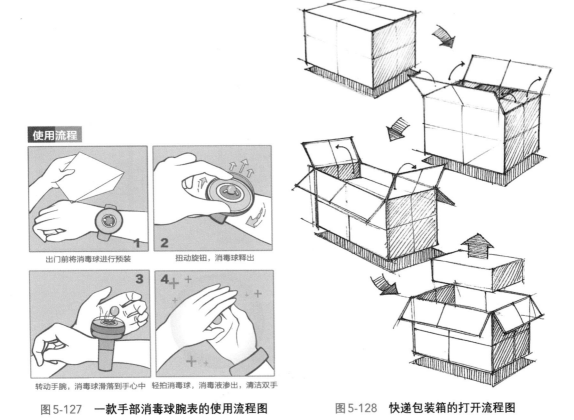

图 5-127　一款手部消毒球腕表的使用流程图　　　图 5-128　快递包装箱的打开流程图

5.3.4　设计展示版面的表现

设计方案图其实就是一篇说明文，用以讲解设计师的设计构思，为了确保观看者能够准确理解设计意图，必定要对画面上所有元素进行整理和排列，使它们清晰、有序地呈现在一张图纸上，这时就需要运用设计版面的展示技巧（图5-129）。

设计版面的展示技巧还有另一个使用场合，那就是"设计快题"。"设计快题"常见于设计公司面试或设计专业研究生入学考试，即设定一个设计主题，要求设计师或设计专业学生在规定的时间内针对主题设计相关概念产品，并将设计方案草图以设计展板的形式表现出来，从而考察设计师或设计专业学生的设计能力。

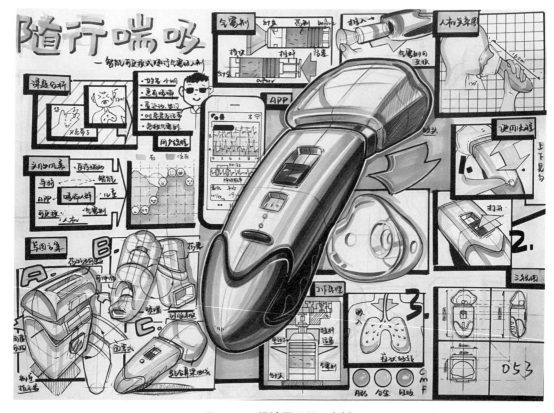

图 5-129　设计展示版面案例

通常来说，一张完整的设计展示版面应该包含以下要素。

① 主视图：包含产品信息最多的、最富有表现力的角度。

② 辅助视图：产品的其他角度或者不同形态展示，用来辅助说明产品造型或功能结构。

③ 功能说明图：通过辅助图形、情境图、使用流程图等方式阐述产品功能。

④ 局部放大图：主、辅视角无法表达完整的重要设计信息时，可以通过局部放大的形式来表达设计细节。

⑤ 三视图：展示产品三个不同视角的视图，用来表现产品的尺寸、比例等数据信息。

⑥ 设计构思图：包括灵感来源图、思维发散图、造型推演图等，用来表现设计方案的构思过程。

要使这么多的信息出现在一张图纸上，就需要对其进行规则化的版式设计，以便观看者能够充分理解设计师的设计意图。一般来说，主视图、辅助视图、功能说明图包含的设计信息相对更多，需要放在视觉中心的位置；其他的设计图片多为辅助解释设计方案，可以放置在次要位置上。当然，并不是所有的信息都要同时出现在一张图纸上，也可以根据需要着重展示某几类设计图片。

根据5.3.1小节中的知识，我们可以将这些设计图进行分组，并运用相关表现技巧进行视觉层级划分，在突出重点的同时保持方案的完整和版式的平衡，从而提升设计表现力。

（1）阅读顺序

需要注意的是，在绘制设计展示版面时，最好能够按照观看者的阅读顺序来进行排版，即信息要素自上而下、由左到右地分布。

比如灵感来源图、思维发散图、造型推演图等属于设计前期构思阶段绘制的设计图，最好放在画面的上方或左侧，以说明设计方案的起源，与设计逻辑和观看顺序保持一致。

而结构图、细节图则应当遵循临近原则分布在设计方案周围，如果距离太远则难以让人把它们和设计方案联系起来。

使用流程图或三视图则可以放在版面的右侧或者下方位置，用来对设计方案进行最后的补充解释。

例如图5-130中的设计展示版面，左侧上方为设计构思图，左侧下方为造型推演图，这些都是设计之初需要绘制的草图；在画面中央以较大的面积放置最终方案的主视图、辅助视图；在画面右侧放置使用流程图以及三视图等辅助解释草图。整体的排版符合人们的阅读顺序，便于理解设计方案（图5-131）。

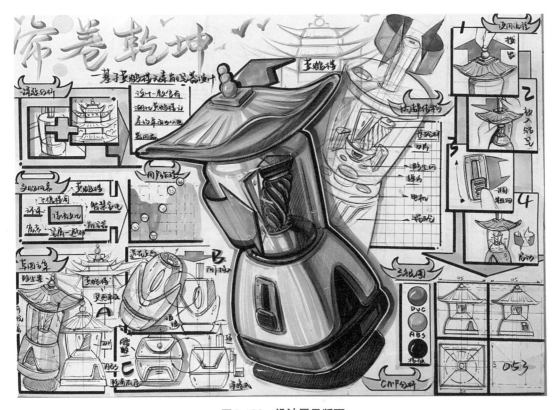

图5-130　设计展示版面

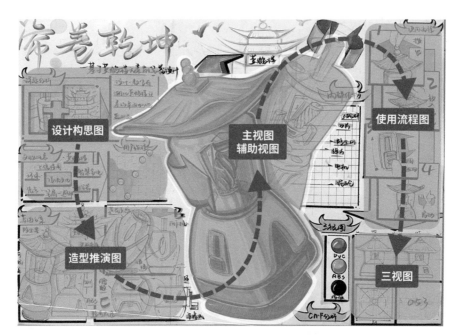

图 5-131 设计版面的阅读顺序示意图

这些阅读顺序并不是绝对固定的，有时也可以根据设计方案的具体情况调整设计图的位置，所有版面设计的目都是让观看者能够更加清晰地理解设计方案。例如图 5-132 的 AMT 机设计，由于方案中旋转摄像头是设计重点，因此摄像头的细节图被放在了主要位置，以解释设计创新点，而 ATM 机主视图则放在了细节图四周，用来展示完整的产品造型（图 5-133）。

图 5-132 ATM 机设计方案

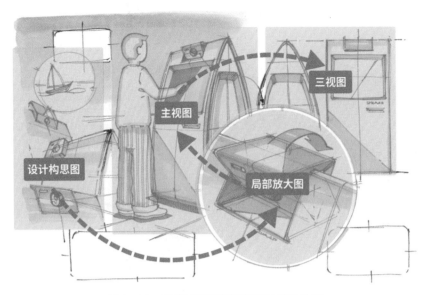

图5-133　根据不同情况调整设计图的位置

（2）版式构图

为了提升展示效果，我们还需要掌握一定的版式构图技巧，这些技巧可以帮助我们快速地将设计草图放置在合适的位置，从而更好地传递设计信息，增加设计草图的视觉表现力。

① 采用"井"字构图法。"井"字构图法可以说是最常见和实用的构图方法之一，常见于摄影作品中，简单来说，"井"字构图法就是将一幅画面平均分成九块，而分割线正好构成一个类似"井"字的形状。观看者第一眼看到这幅画面时，往往会把注意力放在"井"字四个交叉点位置附近，这种构图方法相较于中心构图法来说会显得更有活力和节奏感，同时也更方便我们按照阅读顺序来摆放设计草图（图5-134、图5-135）。

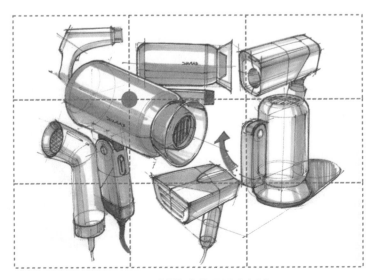

图5-134　"井"字构图版式案例1

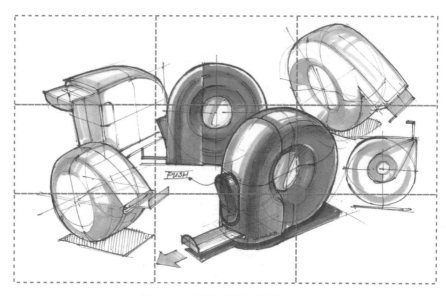

图5-135 "井"字构图版式案例2

　　② 构图中的视觉重量。虽然设计草图都是二维平面的，但不同的图片在视觉感受上也可以体现出不同的重量感，比如较大的图形看起来比较小的图形更重，完成度更高的图形看起来比线框图更重，结构复杂、线条密集的图形看起来比结构简单、线条稀疏的图形更重。图5-136中的草图哪个给你的感觉更重？

图5-136 两款产品设计草图

在排版时，我们需要合理布局这些重量感不一的图形，才能使得画面看起来不会"头重脚轻"或是向某一侧倾斜失衡（图5-137～图5-139）。

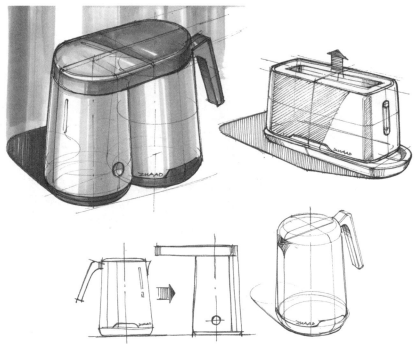

图5-137 "头重脚轻"的版式构图

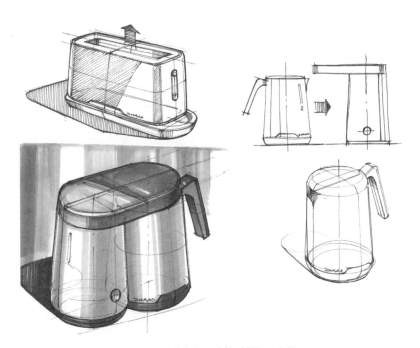

图5-138 重心向左侧倾斜的版式构图

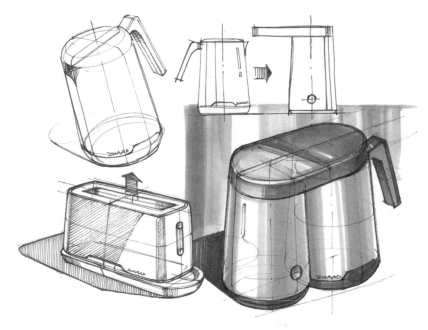

图5-139　视觉重心稳定的版式构图

③ 营造不平衡与节奏感。有时，我们也会刻意利用视觉上的不平衡来营造版面的节奏感，比如将设计方案故意放在角落甚至是超出画面以外，或者在版面上大面积留白，这些非常规的排版技巧可以极大地提升设计版面的艺术表现力和视觉冲击力，从而吸引观看者的目光。

例如图5-140中的数码相机，将不同视角的产品草图上下摆放，并把最上面和最下面草图的一部分放置在版面以外，营造出一种"缺失感"，让人觉得这些草图"还未结束"，从而给人以特别的视觉感受（图5-141）。

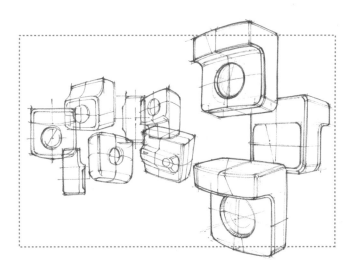

图5-140　原数码相机设计草图

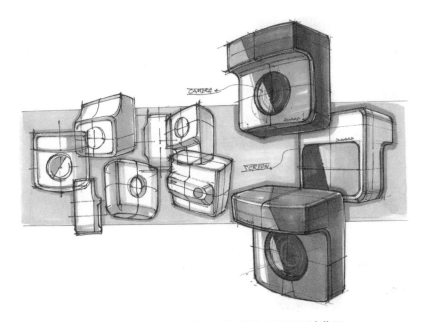

图5-141　营造出"缺失感"的数码相机设计草图

④ **产品视角的转换**。从版式构图的角度来说，绘制产品不同视角的视图不仅可以展示更多的设计信息，还可以在一定程度上增加方案草图的视觉表现力，让整个版式不再呆板沉闷，带来视觉上的新鲜感。

针对不同的产品形态，可以采用不同的视角变化方法来进行版式构图，比如方体类造型，由于各个面的形状较为一致，如果绘制的几个产品视图的视角差别不大的话，会让整个版式看起来过于整齐和规则，视觉上缺少变化，略显呆板，比如图5-142中的桌面音箱。这时可以尝试运用不同的视角来进行表现，比如主视图使用俯视角度，而辅助视图则使用平视或者仰视视角来表现，用丰富的视角变化提升观看者的视觉感受（图5-143、图5-144）。

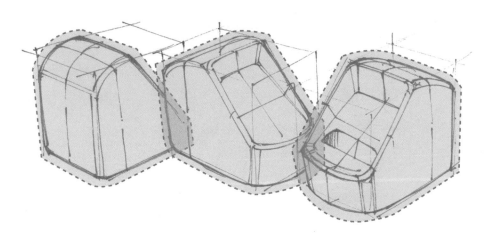

图5-142　视角单一的桌面音箱设计

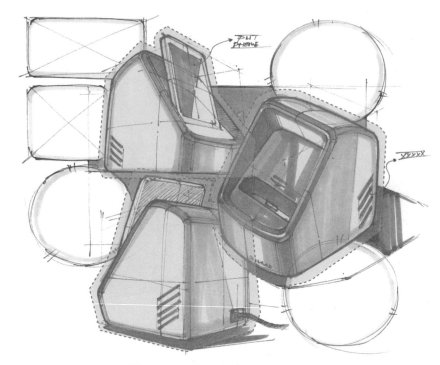

图5-143　不同视角的桌面音箱设计

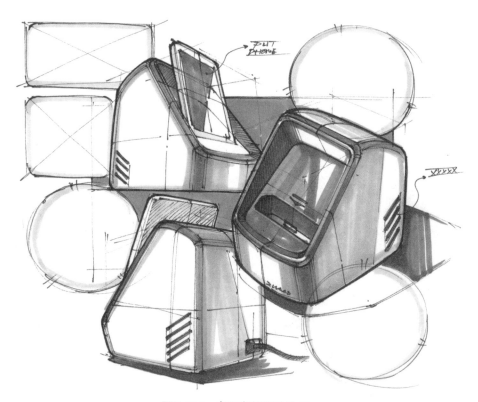

图5-144　桌面音箱设计效果

如果是绘制较为扁平的产品造型，比如图5-145中的投影仪，则可以通过加大俯视角度来增加其表现面积，这样一来在版式布局时，更容易体现出产品草图的视觉重量，从而制造视觉焦点（图5-146、图5-147）。

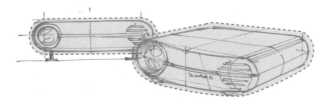

图5-145　视角较平的投影仪设计

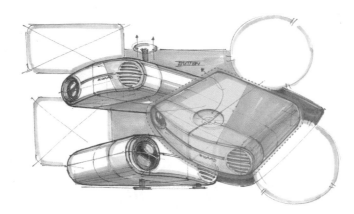

图5-146　加大俯视角度的投影仪设计

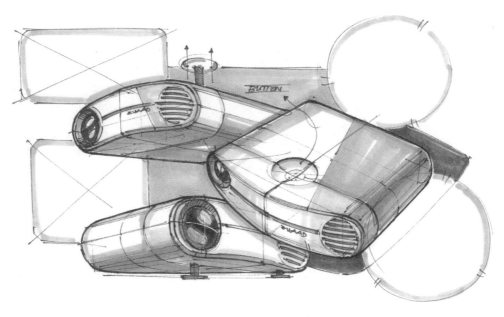

图5-147　投影仪设计效果

除了改变产品的视角外，我们还可以采用改变产品摆放位置的方式来进行版式构图，比如图5-148中运动水壶这样的圆柱类产品，在仅改变视角不足以增加其视觉表现力的情况下，可以将产品平放，以制造不同视图的视觉反差（图5-149、图5-150）。

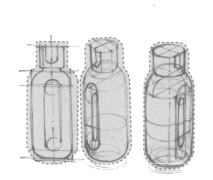

图5-148　摆放位置单一的运动水壶设计

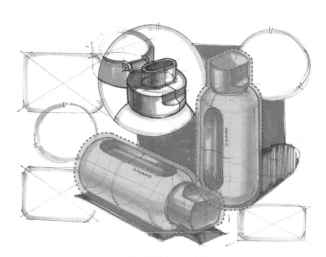

图5-149　摆放位置多样的运动水壶设计

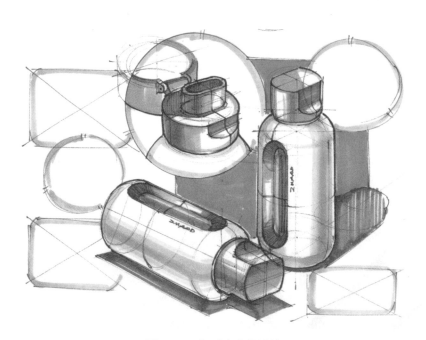

图5-150　运动水壶设计效果

有时我们可能需要绘制特殊形状的产品，比如图5-151中细长造型的电动牙刷，这种造型即使改变视角也很难增加其表现面积，在版式中就会显得视觉重量不足，这时则可以采用产品整体造型与局部造型组合的方式来进行版式布局，能够有效提高产品的视觉表现力（图5-152、图5-153）。

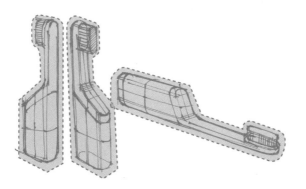

图 5-151　电动牙刷整体造型

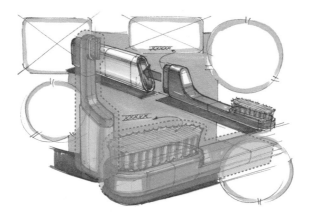

图 5-152　电动牙刷的整体造型与局部造型组合

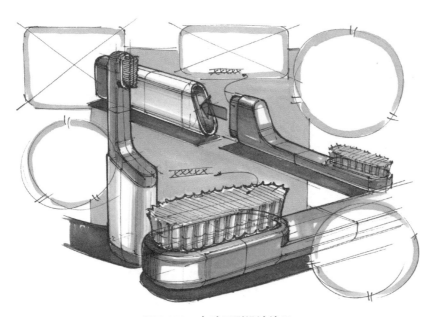

图 5-153　电动牙刷设计效果

作者：李佳玉

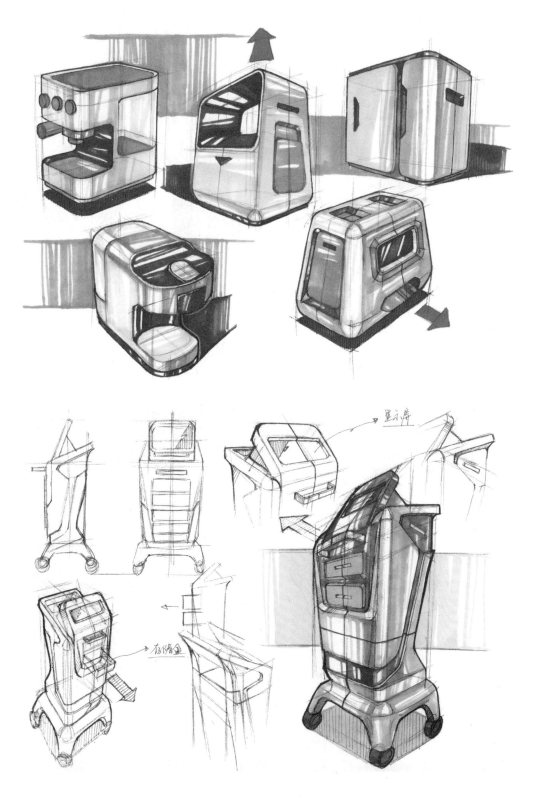

作者：李佳玉

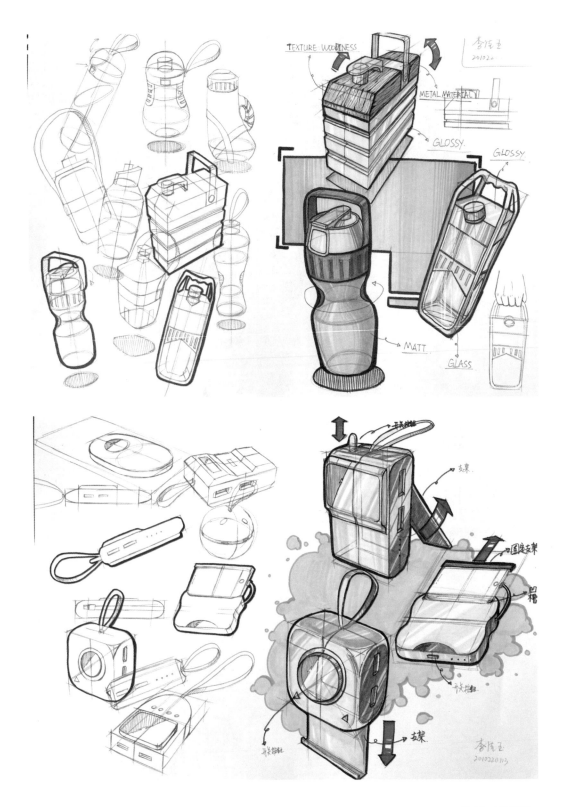

作者：李佳玉

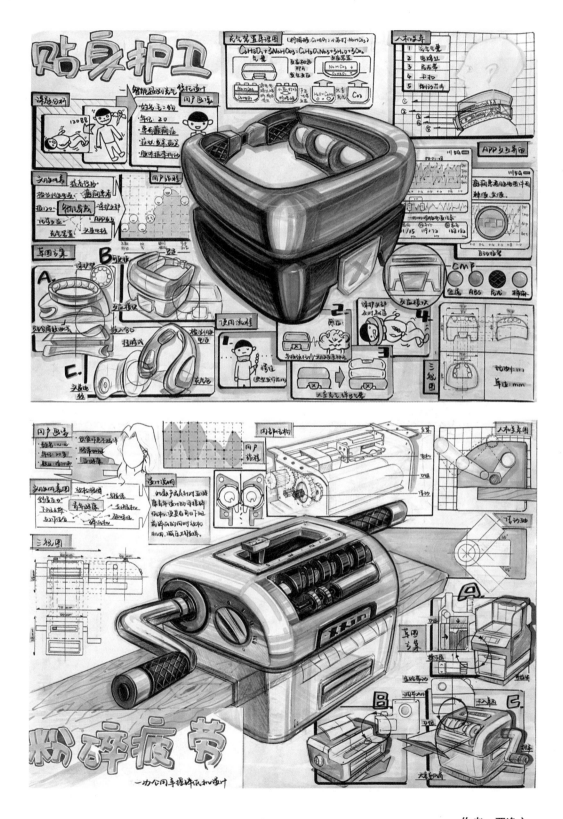

作者：贾逸心

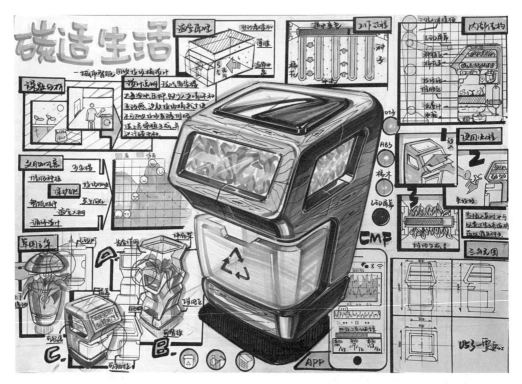

作者：贾逸心

作者：陈威

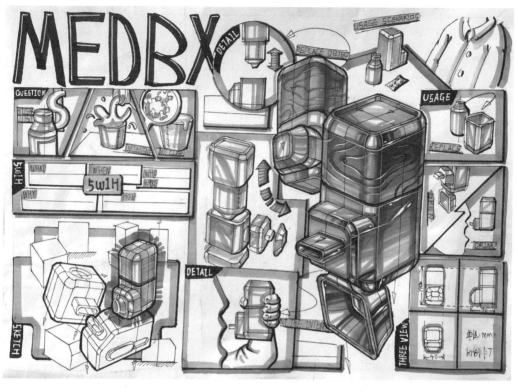

作者：陈威

参考文献

[1] 邓嵘. 产品设计表达 [M]. 武汉：武汉理工大学出版社，2009.

[2] 艾森，斯特尔. 产品手绘与创意表达 [M]. 北京：中国青年出版社，2012.

[3] 艾森，斯特尔. 产品手绘与设计思维 [M]. 北京：中国青年出版社，2012.

[4] 马赛. 工业产品手绘与创新设计表达 [M]. 北京：人民邮电出版社，2017.

[5] 刘传凯. 产品创意设计 [M]. 北京：中国青年出版社，2008.